粤食方知味

林卫辉 —— 著

懂食，
从粤菜开始

广东旅游出版社
GUANGDONG TRAVEL & TOURISM PRESS

悦读书 · 悦旅行 · 悦享人生

中国 · 广州

图书在版编目（CIP）数据

粤食方知味：懂食，从粤菜开始/林卫辉著. —广州：广东旅游出版社，2022.2
ISBN 978-7-5570-2464-2

Ⅰ.①粤… Ⅱ.①林… Ⅲ.①粤菜－饮食－文化Ⅳ.①TS971.202.65

中国版本图书馆CIP数据核字(2021)第086827号

出 版 人：刘志松
责任编辑：陈晓芬　陈　吉
封面题字：林帝浣
摄　　影：何文安
装帧设计：艾颖琛
责任校对：李瑞苑
责任技编：冼志良

粤食方知味：懂食，从粤菜开始
YUESHI FANG ZHIWEI: DONGSHI, CONG YUECAI KAISHI

广东旅游出版社出版发行
（广州市荔湾区沙面北街 71 号首、二层）
邮编：510130
邮购电话：020-87348243
印刷：广州市岭美文化科技有限公司
（广州市荔湾区花地大道南海南工商贸易区 A 幢）
开本：889 毫米 ×1260 毫米 32 开
字数：184 千字
印张：8.75
版次：2022 年 2 月第 1 版第 1 次印刷
定价：68.00 元

序一

　　古人说"味之精微，口不能言"，这是对人的舌头表达力永远不如舌头分辨力的千古慨叹。但广州人面对美食，是忍不住要表达的。他们但凡尝到最可心的味道时，千言万语，总归为一字礼赞："正"。而读这个"正"字时，必须白读而不是文读，读如"井"，去声。以不正的读音去说"正"，来表达那正中下怀或歪打正着的惊喜。一个"正"字，道尽了粤菜的核心价值——既包括了对食材正味的肯定，也包括了对加工手法恰到好处的赞美。

　　而卫辉兄的美食文章，可以说就是对味之"正"者的最深入的诠释，言说难以言说者，这就近乎"道可道，非常道"的境界了。他让美味从妙不可言，到能言其妙，言其之所以妙。这就是他所说的"知味"，知道"正"从何来，"正"在何处。

　　对于味，怎样才算"知"呢？钱锺书说："惟真知者能行，惟真行者能知。"真正的知味者，必是知行合一的。且看卫辉兄对白切鸡的分析，从选鸡种、选鸡龄、选鸡汤，讲到浸、拎、提的手法，以及"皮爽、肉嫩、略离骨"的标准，这一标准就是鸡之何谓

"正"的描述了。鸡种不佳，其味不正，鸡的正味存在于好鸡种，它决定了其中氨基酸的积累程度，也就是美味的物质基础；而恰如其分的加工方式，让鸡皮与鸡肉之间的胶原蛋白和脂肪，形成一层明胶，牢牢锁住鸡肉的汁液，让美味不流失，这是鸡肉"嫩"和"美"之由来。把粤菜说得如此理、情交融，法、味相生，已让读者不用过屠门大嚼，口液已津津然而生。但这还不够！

卫辉兄的文章要旨，是既要口能言其妙，更要物能尽其妙。做到食客、食材两不辜负。所谓食材的正味，就是食材的原真之味。如何将这原真之味葆有，发扬之，丰富之，做到正极生奇、奇正相生，达到粤语中那个"正"字的境界，这就是传统粤菜最精妙的地方，或者说，卫辉兄所说的"知味"，所揭橥的正是粤味的精微化。

粤味的精微化确实正面临挑战。仅举两例，近来广州一间著名的肠粉店推出一个新品种：麻辣牛肉肠粉，颇受欢迎；而今天的凤城师傅蒸鱼，也一反过去清蒸传统，加辣椒、藤椒。为此，我常想：这是川味颠覆了粤味？还是粤味包容了川味？其实两句话都对，它反映的是同一个硬币的两面。粤人向来不严地域之见，卫辉兄在考辨广东白切鸡与广东烧鹅时，就指出这些粤味的江淮渊源、京味渊源，看出粤人是在学习中从精微走向更精微。而麻辣之魅，反映的问题在于舌头的辨鲜能力正为舌头的承痛快感所冲击。

舌头快感大体有两大来源：一种是味觉快感，它体现在舌头的分辨力；一种是痛觉快感，它体现在舌头的承受度。所谓舌头的痛觉快感，即承受痛感后获得的快感也！尤以麻辣为代表。辣，本就不是味觉，而是痛觉，而藤椒、花椒赋予舌头以麻痹感，从而降低舌头的敏感度和分辨力，让痛感来得钝些，不至于让舌头的尖锐痛觉覆盖了嗅觉，忽略了佐料的香气，从而让这种快感层次更丰富些。这就有点儿类似先施以浅表的麻药，再加鞭挞。这种吃麻辣食物得到的快感，无疑是对"痛快"一词最真切的体会。我对这种体验有充分的尊重和欣赏。但对于这一风靡世界的麻辣风潮，又不无隐忧。因为这对我们舌头的分辨力是一种遮蔽。而鲜美的味觉快感无疑是舌头最主要的感受，也是粤菜最重要的支撑点。

粤味所崇尚的"正"，是粤菜传统对舌头分辨力长期培训的结果。广州人对于白切鸡的讲究，顺德人对于清蒸鱼的讲究，都是舌头分辨力的最佳范例。此前顺德人吃鱼多尚清蒸，尽量不加配料，与白切鸡一样，取良材不雕之义。但对鱼身的鲜活，却要求甚苛，他们不以活鱼为满足，要讲究鱼不曾受到惊吓，因为受过惊吓的鱼，蒸来"得碟水"（即析出水分过多），吃来"肉削"（即瘦而不甘），这种鱼叫"失魂鱼"，在他们的舌下，鱼的灵魂，就是鱼味的灵魂。这听来有点玄虚，但在顺德人那里是确凿无疑的。就像陆羽能品出一勺江水来自上游，抑或来自近岸一样。品鉴之妙，存乎一心，都来自味蕾的高度的分辨力。

这种细致入微的体察，是舌头受到长期训练的结果。它就像欣赏昆曲中的"水磨腔"一样，细腻软糯，风情婉转，它的美，亦倚重于经过训练的耳朵，方能味其精华，曲尽幽微。反之，麻辣有如京剧中的花脸，准、狠、刚、猛，其声其色，令人有冰水泼面的醒豁，让人一试难忘。水磨腔与花脸唱法，二者并无高下之别，却分明有粗细之分。

卫辉兄近年对粤菜传统的寻味，正是对粤味那一个"正"字，做更为具体的定位；对舌头的分辨力，做重新的唤醒，去挽留那饮食中的"水磨腔"。心静方可察微知味，这其中的深义，在我看来，又岂止于一箸之美、一曲之悠而已？

罗韬

著名文化学者、《羊城晚报》编委

序二

卫辉兄的第一本饮食书《吃的江湖》出版后，短短数月之间，已经多次重印，一纸风行，洛阳纸贵。黄天骥老师一读之下，叹为奇才，足为中大（中山大学）之光，命我"大加鼓吹"。溯其渊源，于公于私，都是义不容辞。然鼓吹未及，卫辉兄的第二本饮食书《粤食方知味：懂食，从粤菜开始》又将出版，命序于我，虽不敢坚辞，也十分惶恐。我虽与卫辉兄同年入学，同年进入政府机关工作，后来我又来到他的母校中山大学就读，按旧日规矩，宜属同门——同在黄天骥老师任研究生院常务副院长期间读硕士、博士，但天赋学力，相去太远，是以惶恐。

在中大人心目中，他以能力超然出众出名，酒余饭后将饮食感想发至朋友圈，则更让人惊艳——我们的相识相知，正为此故。因为我自2008年涉入饮食文化史的研究，2010年开始在《南方都市报》开辟学术性的随笔专栏，迄今已十余年，结集出版8种，自以为颇有所得，特别是在新的文献史料发掘及研究方面，至少可以独步岭南。但单从卫辉兄随性发在朋友圈的饮食文字中，我发现他在饮食文献的发掘与使用的娴熟方面，已多有我所不能及之处。至于他以现代食品工程学和营养学等现代科学原理，阐释粤菜乃至中西各色烹饪食谱的奥秘，则更让我望尘莫及。即便放眼寰中，也是鹤立鸡群的。

平生不敢藏人善，我便力劝卫辉兄注册微信公众号，以广传播，嘉惠读者以及业界和学界。孰料一广传播，更广传播——《南方都市报》《羊城晚报》《同舟共进》等纷纷抢载，凤凰网、南方网乃至人民网和中宣部"学习强国"学习平台则纷纷转载。出版社也跟着找上门来，以出版饮食图书著称的广东旅游出版社，至今还以未能"拔得头筹"为憾，然于卫辉兄，却堪称美事。有念及此，仗义的卫辉兄竟谬尊我为伯乐，希望我能为广东旅游出版社新出的这本大著写篇小序。伯乐焉配？谦逊点说就是个忠粉，平实点说就是尚称合格的读者，而愿意写几句话，是因为卫辉兄的著述实在带给我很多感触，也给我的饮食研究与写作带来较大的促进。

在卫辉兄的微信公众号"辉尝好吃"刚开张不久，我便在多个公私场合放言，当下岭南饮食写作之祭酒，非卫辉兄莫属。这惹得很多人不高兴。这个我并不在乎，我不过据实而言，或者说是一家之言也行。此前的写食家们，绝大多数不过是凭借自己个人的饮食经验，有的还结合店家的需要，大做感官式的文章而已，尤其不免于"吹捧"。像卫辉兄这样能融文献、经验与科学为一炉，几无人能及。而文笔之美，也让大多数中文系毕业的写手瞠乎其后，包括区区在下。

这种无人能及的文字，在某些人看来，也可谓"愚不可及"。首先是他用最平实的标题写最平实的文章，表面一点都不抓眼球。但是耐读啊！比如本书中的《汕头牛肉丸》《广式牛杂煲》《闲话甲鱼》《老广的豆腐》等文章，大多数标题毫无修饰，但写出的文章却煞是好看。何故？扎实，有料，文采焕然。打个比方说，我们初涉学术研究之门时，发现前辈大家论著的标题，都平实得不得了，比如《论李白》《论杜甫》《李白研究的几个问题》之类，打死我们都不敢用。我们只能讨巧地找个好角度，做一点难免花哨的"洋八股"论述，倒更能吸引编辑的眼球，获得发表机会。

其次是卫辉兄敢于写批评文章，既批评一些饮食和饮食史常识，比如挖"食在广州"的墙脚，说"食在广州"并没有那么悠久的历史，晚清民国得名过程中还受其他菜系影响甚多。又说当下粤菜最不可或缺的老火靓汤，其历史并不久，最早的记录见于20世纪70年代的香港。具体到食材他也直言野生黄花鱼其实跟养殖黄花鱼并无太大区别，海鲜海鲜，关键是要新鲜，大可不必盲目追逐价格贵几百倍甚至上千倍的野生货，尽管他自己有时也"挨宰"。说自己挨宰，已经间接批评到朋友的餐厅了，因为这些菜正是在朋友餐厅吃的。有时更直接批评某某餐厅某某菜式做得不地道不好吃，等等。

自有公众号以来，写食者多如过江之鲫。但是只要稍加留意，那些稍有影响力的公众号也很少写批评性的文章，除非有"敲竹杠"的嫌疑。卫辉兄也自认为不应多写批评文字，因为读者本是冲着你要介绍好吃的立场点击阅读，干吗拣不好的方面说而自绝于读者呢？但他忍不住，他要对读者负责，更要向业界尽诤言。联想到卫辉兄每每为陈寅恪先生在中大所受磨难而不忿，之所以为此，既体现了他对于陈先生的崇敬之情，同时也反映出他自身有如陈先生所言未尝"侮食自矜，曲学阿世"的风骨。施之于饮食文章，亦复如是。这种学识、胸襟、格局与风骨，才是最值得我们学习的。

由此进一步想到："工夫在诗外。"遥想当年刚进中大，即逢《研究生报》创刊，黄天骥老师写下了"上马击狂胡、下马草军书"的题辞，窃以为此乃镌刻在小礼堂墙壁上孙中山先生训辞——"学生要立志做大事，不可做大官"——的诗意转换。快三十年过去，认识的或者知道的同学校友之中，担得起这种寄望的，能有几人？窃以为卫辉兄可以毫无愧疚地名列其中，无论其功名事业或者饮食文章。黄天骥先生也会深以为然的。

出于上述种种因缘，遂不畏狗尾续貂之嫌，略赘数语于此，权以充序，并祈卫辉兄和读者见谅。

周松芳

文学博士、文史学者、专栏作家

2021年8月8日于逸雅居

目录

173 寻味

256 后记

知味

ZHI

WEI

知味停车，闻香下马。
欲知我味，观料便知。

粤食，从一只鸡开始

　　如果评选广州美食的前三位，你一定会说到白切鸡。不管做得好不好，各家粤菜馆一定有这道菜，各烧腊店也一定会挂上几只白切鸡，区别是谁家的更受欢迎，以及是叫"白切鸡"还是"白斩鸡"而已。无论是"切"更斯文还是"斩"更欢快，说的都是一回事。一只好吃的白切鸡，是由哪些因素构成的呢？

　　首先，是鸡的品质。

　　广东不缺好的鸡种，清远的麻鸡、惠州的胡须鸡、肇庆的杏花鸡、茂名信宜的三黄鸡，都适合做白切鸡。湛江白切鸡选用的是信宜的三黄鸡种，从前信宜归湛江，所以叫信宜鸡，但现在信宜归茂名，湛江只能另起炉灶，把鸡改名叫"湛江鸡"，论鸡种，还属信宜。白切鸡讲究皮滑肉嫩骨甜，选用的鸡龄不能太长，否则肉老，就做不出这个效果了。以前的鸡都是农户散养的走地鸡，鸡长得慢，但风味物质丰富，一般选用4个月未下蛋的母鸡做白切鸡。这么做是有道理的：公鸡的成熟期是110天，母鸡的成熟期是120天，刚好成年，正是含苞待放的年纪，风味物质初具规模，肉质紧实而滑嫩。一旦过了这个时候，母鸡生蛋，已成"少妇"，虽然风韵犹存，毕竟徐娘半老，肉质韧了一些，自然少了些风味。

现在全过程散养的走地鸡很少了，多是机械化、规模化养殖的鸡，且一个多月就可以出笼，这时候的鸡风味物质少，肉虽嫩，却没有鸡味。稍好的鸡是先机械化喂养，再出笼散养，这种鸡养足六个月，味道还是不错的。为什么走地鸡味道更好呢？那是因为运动较多的鸡，鸡肉组织里的脂肪微滴以及细胞膜上的类脂肪成分较多，这些成分就是鸡味的主要构成成分。鸡肉的味道除了养殖时间，还取决于鸡吃什么。吃五谷杂粮、虫子的鸡，风味更佳，吃豆渣、鱼粉、肉粉混合饲料长大的鸡，营养丰富，长得很快，但风味不足。我们现在抱怨好吃的白切鸡难找，主要是因为好鸡难找，我曾经找到在从化全程散养的胡须鸡，老友价一只要150元，做成白切鸡，卖到顾客手里怎么也得250元，酒楼则要卖到300元以上，这个价格市场接受不了。

果然，这种鸡养不下去，最终养鸡场只能关门大吉。番禺百万葵园的鸡，号称是吃葵花籽长大的走地鸡，然而其价格昂贵，只能供白天鹅酒店和丽斯卡尔顿酒店，不过最近也听说养殖场经营不下去了。既然走地鸡难求，我们就退而求其次，选择那种先养殖后散养的鸡，六到八个月，大是大点，味道也还不错。或者就吃湛江鸡，阉割过的公鸡，专心长肉，因为生长时间够，风味很足，缺点是肉质韧了一些，但在鸡味足和肉嫩不可兼顾时，我宁愿选择前者。

其次，是火候的掌握。

胶原蛋白

JIAO YUAN DAN BAI

做白切鸡，水温应始终保持在90℃左右，俗称虾眼水或蟹眼水，三进三出，让鸡皮形成温差，目的是形成一层保护层，阻止鸡肉汁液的渗出。之后浸20分钟左右，时间的把控看鸡的大小，目的是通过热水的浸泡让鸡肉里面的温度控制在65℃，一超过这个温度，鸡肉的肌肉组织紧缩，汁液被挤出来，鸡肉便又柴又韧了。

酒楼的师傅把这两步合成一步，鸡只在白卤水滚至微沸时放入，先往鸡内腔灌入白卤水，然后倒出，使鸡的内腔温度升高，血水被带出。再将鸡浸没在白卤水中，片刻把鸡拎起倒出内腔汤水，再浸没在白卤水中。浸鸡全程用慢火，经过三次浸、拎、提，令鸡浸至仅熟，能达到皮爽、肉嫩、略离骨的效果。出锅时，还要让鸡在冰水中洗个冷水浴，目的是让鸡肉马上降温，须知余温也是烹饪的延续。骤然下降的温度让鸡皮紧缩，鸡皮部分脂肪和水分被挤出，因此口感既滑又脆。因为鸡皮与鸡肉之间的一层胶原蛋白和脂肪形成了一层明胶，网状的分子结构牢牢地锁住了鸡肉的汁液，美味不流失，所以表现出嫩滑。最后一道环节是给浸熟的鸡刷上一层花生油，鸡肉的水分得以保留而不挥发。标准的白切鸡，鸡骨头还带着血红色，但那不是血，是血红蛋白。杀鸡时已放血，少量的血液残留早已凝固，加热并无法让凝固的血变成液体。鸡骨里的血红蛋白如果凝固，鸡肉的温度肯定超过70℃，鸡肉也就变柴了，如果你不喜欢这个血腥场面，那就不吃骨头好了。

最后，一碟姜葱蓉蘸酱或用虾熬制的酱油，是白切鸡的灵魂。

姜葱的香味来自它们的硫化物，完整的姜和葱，其组织结构稳定，硫化物深藏不露，香味不算突出，经过以下三道工序，硫化物得以充分释放。一是把姜、葱切成姜蓉、葱蓉，物理破坏它们的细胞组织，让硫化物得到第一次释放；二是加盐搅拌，让盐把姜、葱的细胞壁进一步破坏，释放更多的硫化物；三是将滚烫的花生油浇到姜葱蓉中，硫化物遇热进一步释放。大部分餐厅用生花生油，导致姜葱味不足。对此，我问师傅们原因。他们说姜蓉和葱蓉都是提早准备好的，即使用滚油浇，到上菜时也变冷了，因此就放弃了用滚油浇。这种做法是不明白其中的道理和懒惰使然。用虾熬酱油，那是核苷酸和谷氨酸协同作战，鲜味增加二十倍。以前的九记路边鸡，用的就是虾熬的酱油，它让人忍不住蘸了又蘸，不过现在已吃不到了，能遇到一碟好的酱油，已经感激不尽。讲究一点的酒店做白切鸡，不是用水浸鸡，而是用白卤

核苷酸
HE GAN SUAN

水。浓香扑鼻的浸鸡白卤水，是广式白切鸡的美味秘籍之一，每位粤菜师傅都有自己的独家秘方。白卤水的配料包括姜、葱、八角、香叶、桂皮、草果、甘草等，再加入瑶柱、虾米以提鲜，这样浸出的白切鸡，骨头都有味道。从前的清平鸡独具风味，其一半功劳应该归于白卤水。

说白切鸡是广州美食的标志，估计争议不大，但遗憾的是，查遍历史文献，关于白切鸡的最早记载，却是袁枚的《随园食单》。在说到鸡的十几种做法时，其把"白片鸡"列在第三位，"肥鸡白片，自是太羹、元酒之味，尤宜于下乡村、入旅店，烹饪不及之时，最为省便，煮时水不可多"。袁枚所记之菜，多属淮扬菜系，平心而论，那时还没粤菜什么事，"粤菜"叫得出来，得等到清代末年。那时即便在广州，像样的酒楼出品的也是淮扬菜，连扬州炒饭这道地地道道的粤菜，也要借"扬州"的名立威。我这不是胡说八道，扬州炒饭中必不可少的烧鸭皮、烧鸭肉，不就是粤菜独有的吗？所以，我大胆推断，白切鸡是淮扬菜中的肥鸡白片的升级版：粤菜师傅在这个基础上进行改良，用白卤水代替普通水，用浸鸡代替煮鸡，再来一轮冰水过冷河，变成广州特色菜。我这纯属推断，欢迎拿文献推翻我的结论。

广州的白切鸡，以清平饭店的清平鸡、九记的路边鸡为顶峰，可惜因城市拆迁，这两家店都消失了。现在也找不到好的鸡，味道再也找不回来了。谁没有过去？怕就怕过不去！自然状态下散养的鸡难找，已经决定了白切鸡难以回到过去的风味。现在看到黄澄澄的白切鸡，以为是靓鸡，黄色的鸡皮是鸡阅历丰富的标志：鸡吃到足够多的叶黄素，鸡皮才是黄色的。但现代人很聪明，用姜黄素给鸡上色，黄得出奇，而且还不褪色。尽管姜黄素没什么危害，但我们还是要擦亮眼睛，学会如何判断鸡龄。蔡昊老师告诉我，看鸡皮！鸡皮粗的就是鸡龄足的。我们还是向前看，选择有点像的餐厅就可以，我的推荐是光塔路的六婶湛江鸡！

鸡骨头带血 就是没煮熟吗 ？

　　白切鸡骨头上的血红色，不是血，而是杀鸡放血后少量的血液残留遇热凝固成的血红蛋白。鸡骨里的血红蛋白如果凝固了，鸡肉的温度肯定超过70℃，再煮下去鸡肉就柴了哦。

如何煲出美味的鸡汤

2021年的情人节，刚好是正月初三，为安全起见，我选择在家里下厨。打开冰箱，有节前准备的鸡肉、胡萝卜、玉米、香菇，我就用这些东西做一煲鸡汤。

一、材料

1. 半只一年半大公鸡，约900克。

2. 一个胡萝卜，约80克。

3. 一个甜玉米，约80克。

4. 新鲜香菇100克。

5. 姜5片、盐5克、味精1克。

二、步骤

1. 将鸡砍成4大块，鸡脖子和没多少肉的骨头砍成2厘米长的小块，冷水下锅焯水，水开后熄火，把鸡肉、鸡骨用冷水清洗干净。

2. 胡萝卜、玉米砍成小块，约2厘米长。

3. 将步骤1和步骤2的材料放进煲汤砂煲，加姜片、盐和水，大火煲开5分钟后转中小火煲3个小时。

4. 用勺子小心地把鸡油舀出来，不用纠结舀不干净，留一点鸡油味道更佳。舀出来的鸡油不要浪费，可以用来炒菜。

5. 把香菇放进去再煮10分钟。

6. 加味精调味。

天门冬氨酸

TIAN MEN DONG AN SUAN

老公鸡由于喂养时间长，风味十足，但鸡肉纤维很粗，结缔组织也很丰富，需要长时间的焖和炖才能使鸡肉软烂。鸡肉在冰箱里冷冻，鸡肉里的水分膨胀并形成冰凌，鸡肉蛋白质受破坏，口感和风味都有所减损，只适合炖汤。

鸡肉为鸡汤提供鲜味，主要贡献是谷氨酸。虽然鸡肉的谷氨酸含量是每100克中只有760毫克，比不上猪肉的1220毫克和牛肉的1070毫克，但鸡肉还含甘氨酸和天门冬氨酸，这两种氨基酸与谷氨酸协同作战，起到相乘效应，鲜味提高了二三十倍，这就是鸡汤鲜美的原因。胡萝卜也富含谷氨酸，每100克含330毫克，相当于鸡肉的43%，算是丰富的，这是鲜味的相加效应；香菇贡献了谷氨酸，每100克含670毫克，与鸡肉相当，还含鸟苷酸，既有相加效应，又有相乘效应；甜玉米含糖，"鲜"与"甜"这对组合往往结伴而来，玉米释放的糖分让鸡汤的鲜甜又适时地放大。难得的是，胡萝卜和甜玉米的味道与鸡汤的花香和坚果香很是合拍，当然了，量不能多，鸡肉的风味才是鸡汤的主角，否则就变成胡萝卜汤、玉米汤或香菇汤了。

为什么要煲3个小时呢？这是为了让鸡肉里的结缔组织转化为明胶，充分释放出鸡肉里的风味物质。鸡肉煲3个小时，90%的结缔组织才会转化为明胶，而鸡肉的风味有相当一部分就藏在结缔组织里，这就是骨边肉更有味道的原因。要让结缔组织完全转化为明胶，则需要4个小时，但这个时候明胶又会分解，失去使汤浓稠化的能力。浓稠带黏的口感，能让我们温暖地感受到汤里的营养丰富，如果加多几只鸡脚，这种幸福感还会加强。带肉的鸡砍大块，是为了让肉煲了汤后还保留一些鸡肉风味，以免味同嚼蜡，而没肉的鸡骨砍成小块，是为了让鸡的风味完全释放，如果你不想吃鸡肉，可以把它们都砍成小块。

常见食物中的谷氨酸含量	
食材	含量（毫克/100 克）
昆布（巨型海带）	22000
帕玛森奶酪	12000
鲣鱼	2850
沙丁鱼/鳀鱼	2800
番茄汁	2600
番茄	1400
猪肉	1220
牛肉	1070
鸡肉	760
菇类	670
黄豆	660
胡萝卜	330

老广的老火靓汤，有个口诀叫"煲三炖四"，这很符合肉类风味物质和结缔组织释放的规律，老祖宗的经验积累，完全符合烹饪科学！有没有更节省时间的方法呢？有！比如把鸡肉剁成小块，再用厨房粉碎机把鸡肉和骨头打碎，只需要煲45分钟，就可以得到味道浓郁的鸡汤，但若要浓稠度也能匹配，则需要更长时间。这样做出的鸡汤味道浓郁，只是黏性差些，想让鸡汤黏性增加也有办法，西餐中有一种动物明胶，倒两匙下去就可以了。

肉的风味主要在脂肪里，鸡汤上面厚厚的一层油，才是鸡汤美味的精华。但太多的脂肪让人觉得油腻，难以下咽，所以要舀掉一些油，完全没有油又会使

风味不足，所以要留一点。需要注意的是，汤虽然味美，但营养乏善可陈，经过三四个小时又煲又炖，鸡肉的风味是释放出来了，但蛋白质只释放出5%，另外95%仍然留在汤渣中。如果想补充营养，喝汤不是个好办法，但对于营养过剩或想减肥的人来说，喝汤既可以减少蛋白质的摄入，又带来饱足感，倒也是一个不错的减肥方法。

四、为什么要先放盐？

北京工商大学的张玉玉等人发表过一篇《加盐方式对鸡汤中呈味物质的影响分析》，比较了不加盐、在开始炖之前加盐和炖好之后才加盐三种方式下鸡汤的风味。这项研究炖的是鸡胸肉，加入2.5倍的水，在85℃条件下炖3个小时，加盐量为鸡汤量的1%。在三种加盐方式中，一开始就加盐得到的鸡汤中的氨基酸含量最高，为2115mg/L，而不加盐的鸡汤和煮制后加盐的鸡汤则差别不大，分别为2016mg/L和2021mg/L。先放盐的鸡汤比后放盐的鸡汤氨基酸增加了5%左右，传说中后放盐可以减盐、先放盐会使鸡肉紧实并导致鲜味物质释放不充分的种种说法，纯属想当然。

氨基酸

不同鸡种肌肉氨基酸相对含量

氨基酸种类	泰和乌骨鸡	宁都三黄鸡	隐性白羽鸡
天门冬氨酸 (Asp)	9.06	8.71	8.74
苏氨酸 (Thr)	5.37	4.52	4.80
丝氨酸 (Ser)	4.65	4.06	4.24
谷氨酸 (Glu)	13.78	11.83	13.12
脯氨酸 (Pro)	4.53	6.27	5.50
甘氨酸 (Gly)	4.54	4.03	4.09
丙氨酸 (Ala)	5.75	6.49	6.27
缬氨酸 (Val)	5.34	4.84	4.86
蛋氨酸 (Met)	3.58	3.37	3.92
异亮氨酸 (Ile)	5.60	4.98	5.27
亮氨酸 (Leu)	7.71	7.94	8.55
酪氨酸 (Tyr)	3.32	5.30	4.25
苯丙氨酸 (Phe)	3.70	5.94	4.88
组氨酸 (His)	5.62	4.65	4.89
赖氨酸 (Lys)	9.73	7.73	8.41
精氨酸 (Arg)	6.59	7.20	6.76
胱氨酸 (Cys)	0	0	0
色氨酸 (Try)	1.13	1.13	1.13

五、这样煲出来的鸡汤健康吗?

老火汤虽然美味,但嘌呤高,对尿酸高的人来说,摄入过多的嘌呤易引发痛风等疾病,所以,对尿酸偏高的人来说,这样煲出来的汤不是健康食品。

嘌呤不是从天而降,长时间煲汤也不是产生嘌呤的罪魁祸首,嘌呤本来就藏身于肉和蔬菜之中。长时间煲或炖,只是把嘌呤析出到汤里,如果不是煲汤,吃同样分量的炒鸡或白切鸡,嘌呤的摄入量也是一样的,对尿酸高的人来说,即便不喝鸡汤,但大嚼鸡肉,一样!相反,汤渣嘌呤含量低,蛋白质还有95%,吃汤渣倒是一个不错的选择。

尿酸是不是越低越好呢?不是!尿酸的正常值,成年男性为149~420μmol/L,成年女性为89~360μmol/L。维持在这个范围内,才能保持人体的正常功能。尿酸对人体来说是一种天然的抗氧化剂,可以清除自由基,防止细胞凋亡,保护血管,维持机体的免疫功能。尿酸还可以帮助维持人体的直立

谷氨酸钠

血压，刺激大脑皮层，增强智力。尿酸稳定在一定水平，可以使人体更好地储存脂肪，保证大脑有充足的葡萄糖供应能量。换句话说，尿酸可能对人的寿命和智力都有影响，对人类站在食物链的顶端起到了相当重要的作用。相反，过低的尿酸可能会增加老年痴呆（阿尔茨海默病）的发病率，心血管疾病的发病率也可能会增加，所以尿酸并非越低越好。对尿酸不高的人来说，你就放心地喝鸡汤好了！

对了，你看到我放了1克味精，这是给鸡汤增鲜的。味精是谷氨酸钠，天然成分，对人体健康没有危害，可以放心用。现在味精被妖魔化，应该给味精"平反"，此话题另说。

烧鹅，"斩料""加餸"标配

　　烧鹅在粤菜中的地位，绝对排得进前三，皮脆肉嫩骨香，满口的油脂，一切吃肉给人带来的满足感和幸福感，它都具备。有趣的是，在讲粤语的地区，几乎每个人都有自己心目中最好吃的烧鹅店，互相不服之际，心中还会暗暗骂对方傻！

　　如果想挑起粤语地区人与人之间的矛盾，那就让他们聊烧鹅。香港、深圳、东莞、广州、佛山、中山、江门台山，都有很不错的烧鹅，而且都自认为正宗，仅"深井烧鹅"就有香港、广州黄埔、江门台山三个地方争相认领，盖因这三个地方都有一条深井村，而且烧鹅都做得不错！一种食物，能够如此普及、如此吸引人，也只有烧鹅了。

　　制作烧鹅，首先要选好鹅。潮汕卤鹅用体形硕大的狮头鹅，而烧鹅则选用体形适中的乌鬃鹅。乌鬃鹅产于广东省清远市北江河两岸，故又名清远鹅。因羽毛大部分为乌棕色而得此名，也有叫墨鬃鹅的。中心产区位于清远市北江两岸的江口、源潭、洲心、附城等10个乡。

　　该鹅分布在粤北、粤中地区和广州市郊，成年公鹅经人工育肥，90天就可以达到7斤，这是做烧鹅的最理想状态：刚刚成年，风味物质充足，鹅味满满；肌肉纤维粗细适中，只要火候控制得当，就可以做到肉嫩多汁；经过糟养育肥，脂肪丰富。不要怕肥油，乌鬃鹅的脂肪70%是不饱和脂肪酸，没有想象中的可怕。没有淤血和破损，是一只光鹅的标准，淤血会让鹅烤后变黑色，破损则皮开肉绽，汁液横流。

制作工艺上，每家都有自己的独门秘籍，但工夫要做足却是一只好吃的烧鹅绕不开的。卤汁灌进鹅的腹腔，利用渗透压，让卤汁的味道进到鹅肉中，卤汁的配方、灌进多少卤汁、让鹅平躺多久，决定了味道的差异。用烧鹅专用缝合针把鹅缝起来，是为了留住卤汁。往鹅脖子处打气，让鹅皮下的脂肪和结缔组织之间充满空气，是脆皮的关键。开水中焯一下，是给烧鹅定型。淋上含有麦芽糖的脆皮水，糖遇热发生褐变反应，皮脆的同时，也给烧鹅披上漂亮的黄褐色。几个小时的风干，有助于鹅皮水分挥发，脆是食物脱水的结果，风干有利于鹅皮脱水，而浸泡着卤水汁的鹅肉会继续入味。炭火焖炉的烧烤，水蒸气先均匀地蒸熟一整只鹅，随着水蒸气的蒸发，炉内温度越过120℃，鹅肉发生美拉德反应，大分子的蛋白质分解为多肽，再进一步分解为小分子的氨基酸，这时鹅肉香飘四溢。转换位置，调高温度，让鹅皮进一步变得酥脆；吃烧鹅有"4小时极限"，说的是出炉后越快吃越好，过了4个小时，皮就不脆了。

烧鹅腿好吃，那是因为烧鹅腿富含肌凝蛋白，鹅的重量全靠双脚支撑，长期用力，这部位的肉风味最

烧鹅
SHAO E

佳。有人说烧鹅左腿比右腿好吃，这没有道理。为什么会有这种说法？这与香港早期的警察腐败有关：警察每个月向烧鹅档收保护费，不能明说，而是问老板"烧鹅左髀好食还是右髀好食"？粤语把"腿"叫"髀"，"髀"和"俾"同音，"左髀"反过来读就是谐音"俾佐"，意思是"已经给了"。这个月已经付了保护费的就说"左髀"，还没付的就乖乖给钱！其实烧鹅最好吃的是下半部分鹅腩位置，挂着烤的鹅，这个部分始终泡着卤水，所以最为入味。

翻阅史料，烧鹅的出现要到晚清之后，在这之前是烧鸭，烧鹅是广府人在烧鸭基础上的升级版！而烧鸭，却可以追溯到明初的南京，南京盛产鸭，明太祖朱元璋建都于应天（就是现在的南京）后，御厨便取用南京肥厚多肉的湖鸭制作菜肴，为了增加鸭菜的风味，采用炭火烘烤，使鸭子吃起来满口酥香。朱棣迁都北京，烤鸭技术也由南京带到北京，用密云白鸭替代南京湖鸭，北京烤鸭由此出现。

除宫廷外，北京当时有家"便宜坊"，成立于明永乐十四年（1416年），专做烤鸭，当年生意兴隆，名声响亮得很，单是门两旁那副"闻香下马，知味停车"的对联，便颇能引人垂涎。后来的烤鸭店，有许多家都套用了便宜坊的字号。有的仅改动其中一字，例如"便意坊"，或者"明宜坊"，或者"便宜居"等。那时的烤鸭，就是焖炉烤，用炭火并在炉上加盖，就是现在烧鹅的工艺。

清同治三年（1864年），做生鸡鸭生意的杨全仁盘下做干果生意的德聚全，改行做烤鸭，他们用果木明烤代替炭火烤，果木的香味进到烤鸭中，倍受追

捧。做干果生意的找果木容易得很，招牌嘛，也不费事想了，倒过来就是，"德聚全"变"全聚德"。

这么说来，烧鹅的祖宗是南京烤鸭，地地道道的淮扬菜，只是遇到善于学习的广东人，稍微一变，就是一道粤菜。广东人善于学习，喜欢钻研，乐于接受新鲜事物，于是厨师们拿南京烤鸭稍微变一下，弄出个广东烧鹅，情况就是这么个情况！

我喜欢的烧鹅店，第一是广州酒家。广州酒家的烧鹅皮酥到入口即化，如威化饼般，而且很厚。第二是万年酒楼的烧鹅，味道入到骨里，蘸上一碟梅子酱，酸酸甜甜，去腻又增味，那种美好，不闭上眼睛几秒，无法理解通透，也回不过神来！

老广过年，吃盆菜

老广过年，不吃饺子。在老广眼里，饺子只是一种主食，顶多只是一种有肉的主食，就如一煲腊味饭。大过年的，怎么也得大鱼大肉，怕麻烦就上酒楼，不怕麻烦就在家里弄出一顿除夕大餐，如果又怕麻烦又不想去酒楼，那么，盆菜就是最好的选择。

用鸡、鹅、鸭、鱼、蚝、虾、腐竹、萝卜、芋头、香菇、猪肉等十几种原料，采用煎、炸、烧、煮、焖、卤等方法分别烹煮，再层层装盆，一大盆菜，有鱼有肉有蔬菜，可以满足一桌人的分量。传统的盆菜以木盆装载，不需加热。现在的盆菜，多为餐厅制作并经冷冻，吃的时候要再加热，所以多数改用不锈钢盆或砂锅，可以随时加热，兼有火锅的特色。传统的食材也做了升级，鲍参肚翅、瑶柱等的参与，把盆菜这种原本普通的菜色变成豪华版大杂烩，原来寄予"盆满钵满"寓意的盆菜，也让商家赚了个盆满钵满！

这种源于香港新界元朗围村的传统菜式，后来传到整个香港、深圳，成为广府菜的一种。由于丰盛又方便，很适合新居入伙、祠堂开光或新年点灯等喜庆日子，客人到，凑齐一围，一个盆菜，配以木台木凳，就有了交代，面子有了，里子也不差，现在，新界的乡村还会举行盆菜宴。围村是由石墙包围的传统中国村落，用以防御邻近仇敌、盗寇和猛兽，常见于广东南部和客家地区，尤以香港新界为甚，住在村落里的多是一个家族。盆菜是围村文化的一种，巧的是，广府菜有盆菜，而盆菜也有客家菜版，香芋扣肉就是客家盆菜的必备内容之一，但潮菜却没有盆菜，潮汕人也不住围村。

盆菜的起源，已不可考，有说盆菜有六百多年历史，还把南宋最后一个皇帝和文天祥扯进来，但都没有史料支持，只是不靠谱的传说。

南宋末年，宋帝赵昺为逃离金兵追赶，落难到如今的香港元朗，当时的村民得悉皇帝驾临，为表心意，纷纷将家中最珍贵的食物贡献出来，招待官兵，仓促间以洗脸洗衣服用的木盆权充器皿，盛载佳肴，并把最贵重的食材摆在最上层。这个传说不靠谱之处就在于，赵昺被陆秀夫、张世杰拥立为帝时是在冈州，就是今天的广东湛江硇（音同"挠"）洲岛，那时是5月，6月就逃到崖山，就是今天的广东省江门市新会区，之后就被陆秀夫背着跳海了，他当皇帝时就没到过香港！

南宋末年大将文天祥及其麾下被元兵追杀，过零丁洋后狼狈逃至现时深圳市的滩头，文天祥登陆滩头时天色已晚，部队只有随身带备之米糕，缺乏菜肴，船家们同情忠臣，用自己储备的猪肉、萝卜，加上现捕的鱼虾，船上没有那么多碗碟，只好将就些，拿木盆一齐盛出来。这个传说不靠谱之处在于，故事灵感源自文天祥《过零丁洋》中的两句："惶恐滩头说惶恐，零丁洋里叹零丁。"然而，他写这首诗时，已经是兵败被俘，路过零丁洋，别说吃盆菜了，牢饭倒是有。

据研究粤菜史的专家周松芳博士查证，在清末民初粤菜成形时期，各大酒楼倒是有盆菜的身影。

《申报》1918年5月16日第1版刊登广告："新开

消闲别墅闽菜馆，择于阴历四月初九开张，本馆开设上海三马路广西路北民和里口，特聘闽省着包庖司，精选干鲜海味特别改良盆菜，包办烧烤筵席，随意小酌，应时佳点，价目格外克己，招待尤极周到，如蒙各界贲临，无任欢迎之至，此布！"这个广告说明，闽菜里有盆菜，且里面有干海鲜！

《申报》在1924年10月20日第15版曾登广告："宜乐楼又增中菜，天潼路乍浦路角宜乐酒楼，价廉而烹饪亦佳，厨师皆由粤来沪，所用调味之质全用肉类之原质，不用味之素之类，该楼七角之盆菜可供在外办事者之午餐，现装有电话号码为三九五九云。"这个广告提供几个信息：宜乐楼由广东厨师主理；不用味精；有七毛钱一份的盆菜。

《申报》1931年2月15日第15版也刊登了粤菜广告："冠生园饮食部新增佛山镇名味盆菜。"同一个广告说卤味拼盘五毛钱一份，可见，宜乐楼七毛钱的盆菜，内容颇为丰富。从这些信息看，当时的上海酒楼，已有盆菜销售！盆菜，发端于元朗围村，民国时已出现在各大酒楼。

潮菜大师钟成泉先生有感于潮菜没有盆菜，也曾为之研发了一番。用烧猪肉、烧鹅肉、白斩鸡、江瑶柱、蚝豉、熟大虾、鹅掌、海参、鲍鱼、花菇、牛腩等，盆底有腐竹、白菜、萝卜条、香芋块，却不是潮汕味道。过了几年，他用大白菜、香芋块、萝卜条、腐竹、江瑶柱、刺参、鲍鱼、花胶、白斩鸡、鹅掌、猪脚、牛筋、熟大虾、香菇等做了大盆菜，可惜在浓汤浸泡下，几经翻滚，汤水马上混淆了多种味道，各

种食材的味道都竞相析出，成为一种不应该有的复合味道。即便在最近，他参照佛跳墙的做法，用金钩鱼翅条、澳大利亚大鲍鱼、猪婆大海参、北海花胶公肚、日本花菇、吉林鹿筋、深海大墨鱼脯、猪脚肉、惠来炸虾角做大盆菜，然而，大盆内的食材在沸腾的汤水中又一次被煮混浊了，一切又成了复合味。老钟叔经过试验，得出的结论是：盆菜根本不适合二次加热烹饪！

老钟叔的结论是对的！盆菜，就是为了热闹，把各种菜拼到一起，丰富又简便，并不是要烹煮出复合味。各种食材，有各自独特的味道，尽管也有味道互补，有对比效应，也有相乘效应，但也是有限的几种，把十几种食物放在一起烹煮，那一定是"世界大战"——乱成一团。

喜庆的日子，好不好吃，已经让位于高不高兴、热不热闹。新春佳节，我们享受的，是团圆的喜乐，至于美食，我们就给它放几天假，不较真，可以吗？

潮菜头牌：响螺

如果说卤鹅是潮菜的第一名菜，那么，承担潮菜高贵与声望的头牌菜，则非响螺莫属！灼响螺扒、炭烧响螺、油泡或白灼响螺上桌，意味着下了大本钱，把你当贵客看。

螺，在白垩纪以前就存在，是腹足类动物。螺类是一个很大的族群，有超过4万个品种，属于无脊椎动物中的软体动物。体外包着锥形、纺锤形或椭圆形的硬壳，上有旋纹贝壳以保护柔软的身体，自己带着房子浪迹天涯，螺的世界没有住房问题。身体分泌的黏液可以帮助其很轻松地附着于光滑的表面，也可以分泌有害的混合物来阻挡掠食者。

白垩纪时期，大陆被海洋分开，地球变得温暖、干旱，螺也兵分两路，一路向陆地出发，生存于湿地，一路留在海洋，响螺就是这类生活于热带、亚热带深海的螺。巨大的螺壳，在没有现代音响设备的年代，渔民拿它吹号，故名响螺。

深海大响螺主要生活在南海深海地带，目前还不能人工饲养，必须待渔民出海捕鱼时，通过拖网或潜入海底捕捞。响螺的生长速度缓慢，五至八年才能长出一个一斤半重的成品，而且，一个一斤半重的响螺里可取出的净肉平均只有三四两，是海味中出肉率较低的。

响螺分长香螺和尖角长香螺两种。外形圆润的长香螺，也有人叫它"文螺"，壳相对较薄，出肉率大一点。带着棱角的尖角长香螺，有人叫它"公螺"或者"武螺"，其实它们没有公母之分，物种的雌雄可以随种群情况出现变化，这种响螺壳厚，出肉率低。

作为腹足类动物，海螺发达肌肉中的主要成分是纹理复杂、具有许多结缔组织的胶原蛋白。胶原蛋白在50℃时分解为明胶，肌肉变得既软又脆，温度继续升高，肌肉就变得又韧又硬，若想让它重新变得软糯，则需要长时间的炖煮。

生长于海洋深处，为了适应海水中的盐分，需要更多的氨基酸才能平衡，这是响螺鲜味的来源。掌握了上述这些特点，烹饪起来也就有了章法：灼螺片。这道菜主要是围绕如何使螺片更加弹牙爽口。将响螺的外壳敲破取肉后，螺头、螺尾和硬韧部分切去，然后用滚刀法将整块螺肉片切成相连的厚片。灼的汤要采用上汤，上汤里的谷氨酸和响螺里的核苷酸协同作战，鲜味提高二十倍，灼好后还要及时淋上滚烫的鸡油，封住水分使肉质更加嫩滑。

厚切响螺扒在上汤中灼的时间约为三十秒，薄切的则要控制在十秒左右。吃这道菜是与时间赛跑，灼的时间不够，响螺里的胶原蛋白还没融化，如橡皮筋一般；灼的时间过了，螺肉又会变得又硬又韧。

火候和时间的把控，对厨师们来说并不难，难的

结缔组织
JIE DI ZU ZHI

是灼好的响螺还会发生变化：随着温度的降低，已经溶化成明胶的胶原蛋白也会再度变硬。为了解决这一问题，厨师们灼响螺时会尽量离食客近一点，以缩短传菜的时间，在食客面前表演，谓之"堂灼"。

经过精确计算烹饪时间的灼响螺，端到你面前，你就赶紧享用吧，如果等所有客人的菜都上齐，客套一番，再动刀动叉，黄花菜都凉了，更不要说响螺。只有趁热吃，才不负响螺的芳名，也不负厨师们的良苦用心。

这个菜，汕头东海酒家和广州、香港的好酒好蔡做得最好，主要是他们敢下血本，采购一斤半至二斤重的响螺，个头够大，切出来的螺扒也就够豪气。香港嘉宁娜酒楼对堂灼响螺很用心，用灼过响螺的上汤再灼时令蔬菜，让客人觉得"汁都捞"了，值！

炭烧响螺：这是一道费时又考功夫的大菜，挑选"大只肥、轻斤两"的响螺后，清洗响螺是关键一步。由于是原只烧螺，螺壳本身就是烹饪工具，不敲破螺壳，螺肉又取不出来，因此对螺进行清洗就颇费工夫。

清洗螺壳上的泥不难，但是螺肉的黏液有异味，如何清洗才是难中之难。用筷尖刺螺鼻，能使螺喷出黏液。烧汁的配置，是炭烧响螺入味的关键，各个师傅也有自己的秘方，一般是用花椒、肥肉、生姜、青葱、黄酒、上汤、味精、酱油、鱼露、食盐等，有的用火腿取代肥肉，好酒好蔡舍黄酒用威士忌，各师各法。最为繁杂的烧制环节，炭炉上要有专门的铁架，使螺离火约15厘米。火力要先武后文，不断变换火力接触螺壳位置，以免螺壳破了。

整个烧制过程约40分钟，其间也要多次倒出之前的烧汁，再加入新的烧汁，既是进一步清洗黏液，又让螺肉完全吸收烧汁。当手握螺壳，轻轻一甩，螺肉脱壳而出，这时火候刚好。

经长时间烤制的螺肉，胶原蛋白完全分解，变得又软又有些许嚼头；烧制好的螺肉，要趁热切片，否则化为明胶的胶原蛋白，随着温度的下降，又会凝固，变得硬韧。

切滚烫的螺肉是件苦差事，汕头东海酒家老钟叔传授了一个秘诀：放一条冰冻的毛巾在旁边，手觉得烫得难受时摸一摸毛巾，降一下温，再赶紧切。像切牛肉一样横切成薄片，将螺肉的纤维切断，吃起来更软更爽。深圳嘉苑酒店则将螺肉厚切成条，越嚼越香，丰满了味蕾，传递到嗅觉，那种满足，毕生难忘。烧得好的螺肉，吃起来就像干鲍，鲜香浓郁，回味无穷。

潮菜讲究一菜一酱，如此名贵的响螺，酱必须加倍！虾酱是用咸鲜来反衬响螺的纯鲜，橘子油是用甜来给响螺增味，各有各的精彩。广州焯跃餐厅用的是紫苏酱，想要唤醒大家吃炒田螺时的回忆，把响螺当田螺吃，满足一下暴发户的心态，也挺好玩。

海鲜之鲜，胜在生猛。螺含丰富的氧化三甲胺，螺一旦死了，氧离子"离家出走"，氧化三甲胺就变成三甲胺，先是没有鲜味，再就是腥，下一步就是臭。有时吃到的堂灼响螺不够鲜，那是师傅偷懒，一早把响螺杀了，等到拿上来堂灼，客人吃到的是已经死了几个小时的响螺。

中美洲和南美洲也有类似响螺的海螺，当地人不吃，便宜得很，有人用它冒充响螺，但它完全没有鲜味，那是因为海螺肉冰冻后，带来鲜味的氨基酸便流失了。

对海鲜的要求，是越新鲜越好，现杀现做尽快吃，就是最简单的标准。对新鲜要求之最者，非西汉的陆贾莫属。对，就是那个两次出使南越，凭三寸不烂之舌成功劝说南越王赵佗归顺汉朝的陆贾。

吕后上台后，陆贾就称病退休。他将千金家财平均分给五个儿子，均分后也就不显得特别富有了，有智慧吧？他老人家自己乘坐宝马香车，带着十位侍从和一柄价值百金的宝剑，在五个儿子家之间轮着吃住，陆贾对儿子们的要求是"数击鲜，毋久溷汝也"，意思是，老子不论到了你们谁家，你们每天都要宰杀活的牲畜禽鱼给老子吃，老子也麻烦不了你们多久。

陆贾的要求不过分，我们出高价吃响螺，要求吃到刚宰杀新鲜的，这个要求也不过分！

美食科普时刻

海鲜腥味
的来源 **？**

海鲜中富含氧化三甲胺，海鲜一旦死了，氧离子"离家出走"，氧化三甲胺就变成三甲胺，这个东西就是腥味的元凶。因此若要海鲜保持鲜味，便不能让腥味元凶三甲胺形成，即去腥。

潮汕卤鹅不为人知的密码

潮菜文化传播大师张新民老师说，潮菜以善烹制各种海鲜闻名，但要推潮菜第一名菜，还应算卤鹅。此说甚有道理!

用猪大骨和瑶柱熬制高汤，将八角、茴香、桂皮、辣椒、豆蔻等香料炒香，再加入酱油、鱼露、冰糖、酒、高良姜、香菜头、蒜头等一起熬制的卤汁，称为南卤。狮头鹅在卤汁里翻滚一个半至三个小时，时间视鹅的大小和老嫩而调节，斩件上碟，配以香菜，蘸上白醋蒜泥汁，这就是潮汕卤鹅。

潮汕卤鹅也没有统一的烹制标准，香料的构成和比例，是各家卤鹅店的商业秘密，也是它们与别家卤鹅店卤鹅味道差异的关键之一。潮州卤鹅甜一点，那是冰糖放多了一点；澄海的卤鹅咸一点，无非是鱼露、盐、酱油多一些；港式潮汕卤鹅颜色偏淡，卖相更佳，酱油的多寡调配轻易就可以做到。虽然潮汕各地卤鹅风味略有差别，即便同一区域，不同卤鹅店的卤鹅也风味迥异，但潮汕卤鹅还是有异于其他地方卤味的共同密码的，这些密码是什么呢?

密码一：高汤和老卤

　　猪大骨提供谷氨酸，瑶柱提供了核苷酸，两种氨基酸协同作战，将鲜味提高了二十倍。炒制香料，那是在唤醒香料中的香味分子，因为大部分香味化合物都有遇热挥发的特点。老卤水有反复熬制沉淀下来的香味，这种香味就如每个人身上特有的味道，亲密的人可以轻易感知，老卤水也一样，熟客能感觉其味道的稳定和亲切。

　　老卤水都含一层肥油，猪大骨和鹅肉释放出来的脂肪，不仅为卤鹅提供香味，还为香料的保留提供了合适的环境：香料里的脂类不溶于水，但溶于脂肪，厚厚的一层鹅油，正是这类香料的藏身绝佳处，这样卤出来的鹅才够香。

店家斩好一碟卤鹅，淋上少许卤汁，如果还淋一点鹅油，那是把你当熟客看。蔡昊先生说在澄海外砂吃乌弟卤鹅饭，店家会往饭里浇上一勺鹅油，这个待遇真让人羡慕，反正我没遇上过。

密码二：鱼露和高良姜

鱼露是用小鱼虾和盐为原料，经腌渍、发酵、熬炼后得到的一种味道极为鲜美的汁液，色泽呈琥珀色，味道带有咸味和鲜味。利用鱼所含的蛋白酶，以及在多种微生物共同参与下，对原料鱼中的蛋白质、脂肪等成分进行发酵分解，产生谷氨酸和核苷酸，这是鱼露鲜味的来源。潮汕卤鹅用鱼露代替盐，在提供咸味的同时也提供了鲜味。高良姜分布于广东、海南、广西、台湾和云南，故也叫南姜，这种热带、亚热带的香料，既有姜去腥的功效，也有与姜迥异的特殊风味，这种风味更浓郁、更霸道。霸道到什么程度呢？想想清凉油、万金油、风油精，里面就有南姜油。

密码三：狮头鹅

鹅，由雁驯养而成，原产饶平浮滨的狮头鹅，因头顶肉瘤巨大，似狮子头，故名。狮头鹅一般可以长到20多斤，2020年澄海举办的狮头鹅王评比，最大的达34.4斤。一只90天的狮头鹅，在放养且不饲肥的情况下，可以长到12斤左右，长速快，饲养成本不高，这也许正是潮汕人喜欢吃卤鹅的原因吧。

鹅肉脂肪少，不饱和脂肪酸丰富，又富含各种氨基酸，所以是香中带甜。肉质纤维粗，有嚼劲，越嚼越香。肉质纤维间隙大，容易入味，配以潮汕卤水，各种香料把鹅肉的香味加了杠杆，香透！

潮汕卤鹅选用鹅中体形最大的狮头鹅，固然有狮头鹅长得快的经济原因，也与潮汕拜神祭祖文化有关。潮汕人拜神祭祖之勤，世界第一，祭品讲究完整

卤鹅

的一只，整只猪牛羊成本太高，也不方便祭祀后吃掉，普通鸡鹅鸭又显得小气，大只的狮头鹅正是刚刚好的选择。

中国人养鹅，已有四千年的历史，其中爱鹅之最者，非王羲之莫属！他认为养鹅可以陶冶情操，从鹅的体态姿势、行走姿态和游泳姿势中，体会出书法运笔的奥妙，领悟到书法执笔的道理。他还说执笔时食指要像鹅头那样昂扬微曲，运笔时则要像鹅掌拨水，方能使精神贯注于笔端。

（羲之）爱鹅，会稽有孤居姥养一鹅，善鸣。求市未能得，遂携亲友命驾就观。姥闻羲之将至，烹以待之，羲之叹惜弥日。

《晋书·王羲之传》

大意是：王羲之听说有个老太太养了一只善于鸣叫的鹅，想买而不能得手，连忙率了一帮亲朋好友赶过去观赏。孰料那个老太太听说有名的王羲之要上门做客，就把那只鹅杀了做菜来款待贵客。王羲之见此情景，懊丧叹惜了好几天。

尽管养鹅历史悠久，但除了广东人比较多吃鹅，其他地方还是比较少见，盖因养鹅需要水塘，符合鹅生长条件的地方不多，"红掌拨清波"，这个条件就把中国三分之二的地方排除在外。

鹅的肌肉纤维比较粗，肌肉蛋白形成肌肉束，肌肉束由一层结缔组织包围，这种构造让鹅的烹煮时间长，长时间的炖煮会让鹅肉的风味物质跑出来，肉因此变得既柴又没味。鹅是吃草动物，吃草动物有短链脂肪酸，所以有膻味。潮汕卤鹅用卤汁去膻增香，这种炖煮方式使鹅肉的粗纤维变得软嫩，高汤和香料也使鹅肉入味，这种烹饪方法扬长避短，巧妙得很！

卤鹅做得好的，有汕头的日日香、澄海的乌弟、唢咕鹅肉，汕头东海酒家老钟叔也擅长做卤鹅，可惜他现在也不做了。随着现代人口味偏好的变化，潮汕卤鹅也从偏咸转向偏淡，从原来的咸香转为鲜甜，有的嫌老卤汁偏咸，于是放弃了老卤，这还可以接受。

一些卤鹅店，为了降低成本，让鹅肉闻起来更香，先声夺人，使用了肉精"一滴香"。这种香精，说白了是肉在加热情况下得到氨基酸、多肽、碳水化合物，氨基酸和还原糖发生美拉德反应，倒没什么危害，并且可以降低成本。

肉精的生产过程是这样的：把肉切小、煮熟、再磨成肉糊，加入木瓜蛋白酶（就是嫩肉粉里的主要成分），在60℃下工作12个小时，这时肉糊已变成肉汤，再把肉汤煮开，杀死蛋白酶，通过离心方法去掉残渣和油，就得到肉蛋白水解物；把酵母调到偏酸性，在50℃下工作24个小时，再用85℃杀死酵母，通过离心去渣，就得到酵母提取物；把肉蛋白水解物、酵母提取物、盐酸半胱氨酸、葡萄糖按比例混合，酸度调到pH6，在90℃下反应2个小时，然后喷雾干燥，就得到肉精。

从这个生产过程看，只要厂家按规范操作，食用安全没有问题，而且还把肉香表现到极致，在卤汁里加入一些肉精，就省下了高汤和老卤，既降低成本，还香得不行，不是行家根本尝不出有什么区别。很遗憾地告诉大家，你赞不绝口的很多卤鹅品牌，用的就是肉精。

也不能说加了肉精的卤鹅就不好，降低成本，价格低一点，对于口味不那么挑剔的消费者来说，也是不错的选择，只是该品牌需要明确告诉大家：我这是加了肉精的。当然还有不少潮汕卤鹅店，坚持用传统做法，不惜工本，精益求精，当你遇见这样独具匠心的卤鹅，就不要太计较价钱了。

汕头牛肉丸

汕头牛肉丸，也叫潮汕牛肉丸，其实不是潮汕人首创，论知识产权，应归客家人。客家山地居民多养牛，他们习惯将新鲜宰杀的牛肉加盐捣成肉丸。清末及民国初年，客家人频繁往来潮汕经商，也将这一特色吃食带到了潮汕。客家人这一伟大发明，来自中原的先民，贾思勰《齐民要术》中所说的跳丸炙法，就是肉丸。

> 《食经》曰："作跳丸炙法：羊肉十斤，猪肉十斤，缕切之；生姜三升，橘皮五叶，藏瓜二升，葱白五升，合捣，令如弹丸。别以五斤羊肉作臛，乃下丸炙，煮之作丸也。"

上文大意是，《食经》说：做跳丸炙的方法——把十斤羊肉、十斤猪肉都切成细丝，加上三升生姜、五片橘皮、二升腌瓜、五升葱白，混合在一起捣烂，做成像弹丸的肉丸。另外用五斤羊肉做成肉羹汤，再放炙过的肉丸进去一起煮即成。那时做肉丸居然下腌

瓜，估计味道不咋的。为了让汤有味，还用五斤羊肉剁成肉泥配成汤，味道够膻的。

翻阅资料，客家肉丸更早的历史，还可以追溯到《礼记》八珍里排第五的捣珍，《礼记注疏》对捣珍的做法有详细记载："取牛、羊、麋、鹿、麇之肉，必脄。每物与牛若一，捶反侧之，去其饵，孰出之，去其皽，柔其肉。"大意是：用大小相等的牛、羊、鹿、獐子等的里脊肉合在一起，反复捶打到软烂，去掉筋膜，烧熟之后再加上酱料，即可食用。客家人是由中原南迁而来的，这个传承，倒是合情合理。

潮汕人并非简单地将客家牛肉丸的做法全盘照搬，而是取其优点扬其长处，并运用"捶、搅、拍、挤"等传统潮汕手法加以改进，赋予了潮汕牛肉丸

劲、弹、脆、香的独特口感。

　　潮汕牛肉丸一般选用整块的新鲜牛后腿肉，本地黄牛从宰杀到上桌不超过6个小时，牛肉丸的含肉量必须达到90％以上。

　　潮汕牛肉丸最重要的工艺是手工打浆，与客家人用刀背敲打牛肉不同，潮汕人改用两根特制铁棒，每根都有六七斤重，一秒多次的轮流捶打，直至将鲜红牛肉打成肉浆。牛肉的筋和肉自然分离，挑出筋来，就是口感细腻纯粹的牛肉丸；保留嫩筋，便是口感劲道弹牙的牛筋丸。

　　上万次的充分捶击，再配合少许盐和苏打的作用，让肌肉细胞悉数破裂，牛肉蛋白完全释放，凝聚的肌球蛋白相互缠绕纠结，劲道十足。捶打过程中混入的少许空气，也使牛肉丸吃起来中空脆弹。浆打到一定程度后加入适量调料，正宗潮汕牛肉丸的配料有肥猪肉粒、蒜头油、鱼露、盐、生粉和冰水。

经上万次捶打的肉泥，摩擦发热，加冰水既让肉泥降温，也因为水的参与，让肉泥变成肉浆。加入调味料后还得继续捶打十多分钟，随后将肉浆用大钵盛装，用手使劲搅挞上劲，直至肉浆粘手而不掉下为止。最后手捻肉浆挤出肉丸，用勺掏进热水中定型。

讲究原汁原味的潮汕人会用牛杂和牛骨熬出的清汤来烹煮牛肉丸，这样肉味便不会流失。咬开一粒脆弹的牛肉丸，油汁喷溅，肉香四溢，那一口十足的牛味，即便善良的人也会觉得：这牛该杀！

潮汕地区少牛，对牛的消费量却极大，这些牛主要来自云贵高原和内蒙古草原。牛肉价贵，猪肉、鸭肉相对便宜，有的商家用猪肉、鸭肉取代牛肉，为了让颜色和味道更接近牛肉，就往里面加了一些牛血。更科学的方法是使用牛肉做成的肉精"一滴香"，这样做出来的牛肉丸，味道与用牛肉做成的牛肉丸味道不相上下。从食品安全角度看，问题不大，用便宜的肉做出有牛肉味的肉丸，只要讲清楚，也算有本事，但现在普遍是偷梁换柱又不说，这就不厚道了。

手工制作牛肉丸，费时费力。聪明的潮汕人发明了制丸机，工艺上用机器代替人力，制作出来的成品与人工手打牛肉丸，理论上不会有差别。问题出在制丸机的捶打力量和速度上，要模拟出与人工相似的力度与速度，因为摩擦生热，高速虽然能提高效率，但牛肉丸若在捶打时便弄熟了，后续再进行调味，味道也进不去了。制丸机不是统一规范的产品，各个"野生工厂"做出来的产品不一样，制丸机做出来的牛肉丸当然也就不一样，能买到纯手工制作的牛肉丸当然好，买不到也没关系，认准你喜欢的品牌店就好了。

从潮汕急冻运到广州的牛肉丸，与在当地吃到的新鲜牛肉丸还是有不少差别的。冷冻虽可保鲜，但肉丸里的水分也凝固成冰，肉丸本来就是肌肉蛋白质和水分重新构建了架构，冷冻又改变了这一架构，解冻时并不能还原成未经冷冻的组织形式，与新鲜牛肉丸比，表现出来就是有渣。

更要命的是，少了那锅原汁原味的牛肉丸汤。我的办法是，用花蛤煮汤，加上猪骨头汤，那份鲜味，不输原汤。再加上略烤过的饶平海山紫菜，谷氨酸和核苷酸带来的鲜味，也是没办法中的办法吧。不过，广州现在也有带汤卖的牛肉丸了，就在天河区的棠德市场，现做现卖，还会问你要不要汤，汤是免费的。

广式牛杂煲

秋风习习，落叶满地，羊城的秋天，非常短暂。又到吃腊味、起锅开煲的时候了，今天我们聊聊充满人间风味的牛杂煲。

广府人把火锅和煲分得很清楚，尽管这两者都是下面生火，上面涮肉，符合火锅的定义。广府人将肉多汤汁少的称为"煲"，肉少汤多的称为"火锅"；两者的区别还与汤汁的浓稠度有关，"煲"的汤汁浓稠，里面的肉经过长时间的炖煮，已够味，除了辣椒酱，基本不需要蘸酱，火锅的汤多，不浓稠，一般需要蘸酱参与调味。外地人眼里的牛杂火锅，广府人则称为牛杂煲。

古时候没有空调，夏天吃牛杂，不会连炭炉上，但到了冬天，热气腾腾的牛杂煲，带给人们的，不仅仅是吃肉带来的幸福感，还有炭火烘烤下带来的温暖，而且往往还与进补联系起来。《逸经》1937年第18期陆丹林"阴阳风"专栏文章《苦力补身记》，讲了一个故事：一苦力工人得到客人额外的两块钱，决定为自己补补身子，于是买来牛腩，炖了一锅牛腩煲，酒足饭饱后，马上钻进被窝，生怕刚补的阳气跑了。这种把进补与焐热联系起来，也算是民间的发明吧，可以申请自主知识产权。

对于什么都敢吃的广府人来说，直到清末才把牛杂搬上餐桌，确实晚了一些，原因是牛杂的膻味确实不好处理。牛杂的膻味来自短链脂肪酸，而短链脂肪酸则缘于牛吃草。草和稻米、小麦一样，都由碳、氢、氧组成，牛羊可以将草分解为糖，变成营养成分，而人身上缺乏分解草的酶，所以不能吃草。牛将草分解时，也带来一个副产品，就是短链脂肪酸。少量的短链脂肪酸是一种香味，比如吃奶的婴儿身上的奶香味，而大量的短链脂肪酸则表现为膻味，比如牛和羊的味道。短链脂肪酸主要贮存于脂肪和内脏中，如何去掉牛杂中的膻味，是烹饪的难题。为了解决牛杂的膻味，老广们使出浑身解数，总结出各种招数：去掉附着于内脏的油，脂肪里藏有大量的短链脂肪酸，是膻味的最大元凶；用清水漂洗，或用盐和淀粉搓后再用清水清洗，这是利用盐的渗透压让牛杂的结缔组织开放，淀粉颗粒状有利于与短链脂肪酸接触，抓住短链脂肪酸，水一冲就把它带走；冷水下锅焯水，牛杂里部分蛋白质流失，就是黑色或白色浮沫，也顺便带走部分短链脂肪酸；热锅炒牛杂，姜和酒的参与，硫化物和乙醇挥发时，也抓着部分短链脂肪酸一起"跑路"；加入八角、香叶、陈皮等香料和柱侯酱，是用香料和浓烈的酱味盖住短链脂肪酸的膻味……

烹煮牛杂时下柱侯酱，这是老广的独门绝技。清同治年间，佛山祖庙附近的三品楼，有一位叫梁柱侯的师傅，用豆酱、面豉酱、生抽、芝麻、猪油熬制出焖酱，柱侯鸡、柱侯鸽、柱侯牛腩牛杂成为三品楼的招牌菜。

牛杂

NIU ZA

清光绪年间考取拔贡的南海人胡子晋，有首《广州竹枝词》："佛山风趣即乡村，三品楼头鸽肉香。听说柱侯成秘诀，半缘豉味独甘芳。"三品楼的花格门窗上也用磨砂玻璃刻着："三品楼，三品楼，啧啧人言赞柱侯。"柱侯酱综合的浓香，既掩盖了牛杂的膻味，也给牛杂调味，确实是绝配。据说，梁柱侯师傅后来离开了三品楼，专门做起了焖酱，并以自己的名字为酱料命名。现在，三品楼已被市场淘汰，但柱侯酱仍然保留了下来。一位厨师，能有一个酱或一道菜留下来，并被后人记住，也就够了。

吃牛杂煲，一定少不了萝卜。入冬，是牛杂煲的旺季，也是萝卜的当季，萝卜又耐炖煮，无论时令还

是烹饪方法，都互相匹配。牛杂虽然便宜，但还是比萝卜贵些，牛杂加萝卜，于商家而言，既增分量，又减成本；于食客而言，既有荤又有素，甚好！

牛杂与萝卜，共冶一炉，但什么时候放萝卜，却甚有讲究，总的原则是"萝卜有牛杂味，但牛杂不能有萝卜味"。牛杂虽然不贵，但也与肉沾边，如果吃牛杂时吃出萝卜味，未免不够高贵，这是给牛杂减分。相反，吃萝卜时吃到牛杂味，这是给萝卜加分。如何做到"萝卜有牛杂味，牛杂没有萝卜味"呢？答案是分开烹煮，先烹煮牛杂，取牛杂汤汁熬煮萝卜，让萝卜吸收到牛杂的肉味，最后才让两者汇合，此时牛杂基本上已经充分入味，即使与萝卜汇合，受萝卜味道的影响也很有限！

烹制一锅牛杂煲，除了萝卜分开烹煮，牛杂之间也是有先有后，各有不一样的烹煮时间，盖因各个内脏，质地不同，口感各异。牛杂中的牛筋，是最坚韧的结缔组织，富含胶原蛋白，为一锅牛杂煲带来浓稠的胶质，让人自然联想到丰富的营养，这一部分需要炖煮的时间最长，约需一个半小时；牛有四个胃，前三个胃为食道变异，即瘤胃（草肚）、网胃（蜂巢胃或麻肚）、瓣胃（重瓣胃或百叶），最后一个才是真胃（皱胃）。第一个胃瘤胃的表层为毛肚，第三个胃瓣胃，就是牛百叶，这两个部位的结缔组织较少，一烫就好，最为昂贵，一般不舍得用来做牛杂煲，其他部位则因具多重结缔组织，必须长时间炖煮，时长仅次于牛筋；牛肺、牛肝、牛肠、牛膀等则约需一个小时。一锅好的牛杂煲，不是即煮即吃，一般是炖煮之后还要熄火焖一下，时长从一个小时到隔天，这是入味的关键，也是各家牛杂店不与人言的秘诀。

正宗的广式牛杂煲，少不了炭火和瓦煲。寒夜里，围着一炉炭火牛杂煲，不仅仅带来温暖，炭火燃烧时也带来上百种芳香物质，这些芳香物质随着空气，有的落到牛杂中，有的被直接闻到，这就是人间烟火。瓦煲更好的传热和保温功能，让牛杂煲的温度更好控制，众多的空隙和肉眼看不到的小孔，更便于炭火产生的香味与牛杂的香味进一步交融结合。一煲牛杂煲，便宜得很，也讲究得很。浓浓的人间风味，一如广州这座城市的人们：低调、务实、理性，能用一百元解决的问题，绝对不花一百零一元！

闲话甲鱼

　　昨天说了山语的山茶油焖甲鱼，勾起了肚子里的馋虫。广东也是甲鱼的产地，史上中山的甲鱼还很有名，粤菜也擅长做甲鱼，只是有些做法，我不敢苟同，比如红枣枸杞荷叶蒸，大家盛赞肉香、裙边爽脆。恕我直言，这种做法，是对这种食材的不了解，往斯文里说，这是对甲鱼的不尊重；往重里说，这是糟蹋甲鱼、糟蹋钞票，是把自己当水鱼！

　　甲鱼，是鳖的俗称，也叫水鱼、脚鱼、王八，共有20多种。中国现存主要有中华鳖，当年风靡一时的中华鳖精号称从中提取大量营养物质，其实是骗人的；山瑞鳖，就是广州人所说的山瑞，也是鳖的一种；斑鳖，是一级保护动物，吃不得；此外还有一种鳖叫鼋（音同"元"），下面再说道说道。

　　甲鱼肉具有鸡、鹿、牛、羊、猪5种肉的美味，故素有"美食五味肉"的美称。"千年的王八万年的龟"，甲鱼长寿，所以大家也觉得甲鱼是长寿食物。在它的身上，找不到丝毫的致癌因素，甲鱼也因而身价大增，但其实这些都是想多了。靠谱的说法是甲鱼富含动物胶、角蛋白、铜、维生素D等营养物质，能够增强身体的抗病能力及调节人体的内分泌功能，也是提高母乳质量、增强婴儿的免疫力及智力的滋补佳品。

甲鱼的胶原蛋白主要在裙边和龟甲，龟甲吃不得，裙边却是美味。胶原蛋白的口感应该是糯，这必须通过炖、焖才可以表现出来，粤菜的做法却是将其拿来打边炉、蒸、炒，追求其爽脆，真真可惜！

中国人食鳖之历史可谓久矣。据汪朗老师考证，远在周代，宫廷之中便有"鳖人"，掌管龟鳖蛤蜊之类的吃食。《诗经·小雅·六月》中描述大军班师的盛况："吉甫燕喜，既多受祉。来归自镐，我行永久。饮御诸友，炰鳖脍鲤。"其意为：吉甫宴饮喜洋洋，接受周王厚赐赏。班师奏凯离镐地，路遥行军时日长。归来设宴会亲友，红烧甲鱼鲤鱼生。

屈原在《招魂》中开列的楚国宫廷宴会菜单，"腼鳖炮羔，有柘浆些"，也有炖鳖，用现在的话说就是：清炖甲鱼，火烤羊羔，再蘸上新鲜的甘蔗汁。可见，几千年前，鳖已是官场上的美味。

既是美味，自然受人欣赏，历史上还有因为一只鳖而引起的一场血案。据《左传·宣公四年》载："楚人献鼋于郑灵公，公子宋与子家将见，子公之食指动。"公子宋是郑国的美食家，每有美食，他的食指都会动一下，这就是成语"食指大动"的出处。楚国送给郑灵公一只鼋，郑灵公把鼋炖了请百官吃。公子宋得意于他的灵感时，郑灵公却故意不分给公子宋吃，还大笑说："这回你的食指不灵了吧！"没想到公子宋竟然走到郑灵公的座位前，把食指伸到鼎里，沾汤来尝一下，并说："谁说我的食指不灵，我不是

尝到美食了吗？"这就是"染指"的来历，意指对权力动了念头。

郑灵公看到公子宋在文武百官面前竟敢如此胆大妄为，藐视国君的权威，遂对公子宋动了杀意。公子宋回家也越想越不对劲，干脆一不做二不休，带着家丁杀入王宫，把郑灵公杀了，郑国因此大乱。

唐宋时期，鳖之受欢迎，达到了一个新阶段。唐代韦巨源当上宰相后，请皇上吃"烧尾宴"，席上便有一道"遍地锦装鳖"。宋仁宗召见江陵县令张景时，问及当地膳食，张以"新粟米炊鱼子饭，嫩冬笋煮鳖裙羹"作答，不知一向节俭克制的仁宗听后会不会垂涎欲滴。

袁枚在《随园食单》中所记鳖之做法也有生炒甲鱼、酱炒甲鱼、带骨甲鱼、青盐甲鱼、汤煨甲鱼、全壳甲鱼等多种。其中汤煨甲鱼的制作方法是："将甲鱼白煮，去骨拆碎，用鸡汤、秋油、酒煨；汤二碗收至一碗起锅，用葱椒、姜末糁之。吴竹屿家制之最佳。微用芡才得汤腻。"这个做法很是讲究，若有哪个餐厅拿去复制一下，冠以"随园煨甲鱼"，应该能够大卖。

　　甲鱼一向是贵价之物，送礼佳品。据《大清见闻录》记载："广东中山产一种鳖，土人名为'山菜'，味极腴美，老饕皆嗜之，然所产绝少，得之颇不易。庆成督两广时尤喜此味，属员探知所嗜，不惜重价而沽。幸而得之，瓷钵中满贮清水，养鳖于内，遣干仆星夜驰献，习以为常。庆获之，无不喜动颜色。一日，有某令遣人献一瓷缸，缸上封识有红纸签大书'两广总督部堂庆'。初不知为何物，及启视，乃一鳖也，游泳水中，悠然自得。庆不觉大喜，署中人亦附和之，几至哄堂。明日衙期，与司道谈及，犹笑不止。某令闻之，恐制军疑其有意侮辱，惊惶无措，急进省谒见两司，求为解围，两司谓制军以为笑谈，并不嗔怒，毋庸求见也，令乃回任。然自此广东人呼鳖为总督，盖犹以此为笑谑云。"

　　这段文言文不难懂，说庆成当两广总督时，喜欢吃中山甲鱼，下属一找到甲鱼，就用缸装好送到广州给他享用。有一天，有一下属也找到中山甲鱼，也用缸送上来，为了表示认真，在缸上贴上红纸，写上

"两广总督部堂庆"，过后越想越怕，这不是骂总督是王八吗？于是马上上省城想向总督请罪。庆成的幕僚告诉他，没必要，总督大人见到甲鱼，高兴还来不及呢，没当回事。自此，甲鱼就有了总督的别称。把王八拿来称领导，那是对领导的大不敬，可见那时的舆论环境，也算宽松。

甲鱼生长范围极广，全国各地几乎都有，很难说哪个地方的甲鱼好吃。倒是时令和大小有讲究，甲鱼在15℃下不进食，潜入泥底冬眠，肉相对少些，所以，冬天的甲鱼不如其他季节的甲鱼肥美。

野生甲鱼一年才长2两，甲鱼要5年左右才成年，所以，如果是野生的，要1斤以上，如果是养殖的，要5斤以上，肉质才够香，有甲鱼味。但也有人自创一说，比如李时珍，他就喜欢小的甲鱼，说："凡食鳖者，宜取沙河小鳖斩头去血，以桑灰汤煮熟，去骨甲换水再煮，入葱、酱做羹膳食乃良。"有人说公甲鱼比母甲鱼好吃，如何分辨公母？看尾巴！尾巴长出龟壳就是公的。

甲鱼肉极腥，姜葱蒜辣均难除其腥味，秘诀是杀甲鱼时取甲鱼胆，弄破后涂抹在甲鱼肉上，腥味尽除。甲鱼胆不苦，不用怕。广府人喜欢用蛇胆、蛇血泡酒喝，但千万别用甲鱼胆、甲鱼血泡酒喝，有毒，严重的会致贫血症。

甲鱼全身都是宝，甲鱼壳叫鳖甲，可做中药，据说甲鱼脖子可以治脱肛，但都要经过特别炮制才有效，炖焖煮炸都无疗效，这一说法我未考证真伪，就当笑谈好了。

广府餐桌上风情万种的鲮鱼

广府人的餐桌，又怎么少得了鲮鱼？粉葛赤小豆煲鲮鱼、煎鲮鱼饼、辣椒酿鲮鱼、豆豉鲮鱼油麦菜……一条多骨的淡水鱼，在广府人的餐桌上却有万种风情。可以说，广府人妈妈的味道，一定少不了鲮鱼。

鲮鱼，俗称土鲮、鲮公，潮汕人还叫它鲮箭，因其形似箭；隶属于鲤形目，鲤科，野鲮亚科，鲮属；体纺锤形，侧扁，头短，吻圆钝，有2对须。鲮鱼分布的北限地区在北纬25°左右。北纬25°以南的分布区有海南岛、珠江、闽江、澜沧江及元江，其中以珠江西段为最多。鲮鱼和非洲鲫鱼一样，水温低于7℃就死亡，低于14℃就不进食，最喜在25℃～30℃的水温中生活，也就是广东、海南、福建南部、云南热带地区、广西部分地区有产鲮鱼，其他地方冬天低于7℃的，都不适合鲮鱼生存，是故，认识鲮鱼的人自然就少了。

屈原在《天问》中提到鲮鱼："鲮鱼何所？鬿堆焉处？"用现在的话说，大意是：奇形鲮鱼生于何方？怪鸟鬿堆长在哪里？屈原这首《天问》，提出了172个问题，鲮鱼和怪鸟都是他没见过的奇怪的东西，所以要问一下。不仅屈原没见过，在他之后注解《天问》的人也笑话百出，有引述南朝名医陶隐居的说法，说鲮鱼有四条腿的；而明代大才子杨慎，就是写"滚滚长江东逝水，浪花淘尽英雄"的那位，编了一本《异鱼图赞》，说鲮鱼是吞舟之鱼，是可以把船吞下去的怪鱼！但广府人对鲮鱼太熟悉了！鲮鱼喜食河塘底下藻类，简直就是清道夫，所以可以和其他鱼混养。鲮鱼味道鲜美，缺点是多骨，那就在怎么去骨上做文章，最厉害的吃法是煎酿鲮鱼：先将鲮鱼肉取出，剔除鱼骨，留下完好的连着鱼皮的鱼头，把取出的鱼肉剁成蓉，打成鱼滑，然后加入腊肉、冬菇、虾米等材料搅拌均匀，再酿回皮囊之中，最后煎至金黄。

有煎鲮鱼饼的，将鲮鱼剔骨，在筛子上晾干，放在2℃～3℃的冰箱里冷藏3个小时，再把鱼肉搅碎，之后放入陈皮、黑胡椒末去掉鱼的腥味，并加入炒好的嫩鸡蛋碎，最后煎至金黄；有做成鱼面的，选用大约1斤重的鲮鱼，刮出鱼蓉，加入冰的菊花水，然后挞成鱼胶，压至如薄纸，然后切成柔韧有劲的细条，汤底用鲮鱼骨和鱼肉煎香之后加水熬制成乳白色，鱼面在汤里轻轻一烫即可捞出，那份鲜，无法形容。

豉汁蒸鲮鱼鼻，虽然鲮鱼鼻肉不多，但是骨质松软，是鲮鱼头最爽滑的部分。用豉汁蒸好的鲮鱼鼻，浇上滚油，最后撒上葱花，吃的时候先啜出鱼后面的脑汁，然后转过来啜鱼嘴和鱼鼻，把鱼头的骨髓吮出来，那个香味，简直迷死人。还有鲮鱼球、鲮鱼肠焗蛋、酥炸鲮鱼肚、油炸鲮鱼皮、凉拌鲮鱼皮、鲮鱼卷、茶蔗熏鲮鱼、鲮鱼粉葛汤、腊肉蒸鲮鱼干、鲮鱼茄子煲等。据说，仅在顺德，鲮鱼就有108种死法。

鲮鱼

LING YU

鲮鱼多骨，那是因为鲮鱼生活在容易被捕捞的地方，鲮鱼没有长得又好吃又容易吃的义务，否则这个物种早就灭绝了。鲮鱼多用煎，那是让蛋白质遇热分解为氨基酸，所以美味；做鲮鱼球、鲮鱼饼，不用刀剁而用手捵，还要加冰水，那是因为摩擦生热，用手捵摩擦少，产生的热也就少一些，而加冰水是为了给鱼肉降温。我最喜欢的鲮鱼做法，是广州光塔路六婶的砂锅鲮鱼筒，将一条鲮鱼一刀斜切，只取鲮鱼的腩肉和头部，骨是骨，肉是肉，豉香浓得不行。

著名的豆豉鲮鱼罐头，居然与广府人下南洋有关。19世纪末，许多广东人前往南洋谋生，路上所带食物需要长久保存，就把煎过的鲮鱼、豆豉和油浸放在瓦罐中携往异乡享用。1893年，有家叫广茂香的作坊看到了商机，学习洋人制作罐头的做法，开始生产装在铁罐中的豆豉鲮鱼。这可以说是中国本土发明的第一个罐头品类！开始都是小作坊手工操作，后来才机械化生产，1912年这家厂在香港注册了"鹰金钱"商标，并先后更名为"广奇香""广利和"。1950年，这家厂扩建为当时亚洲最大的罐头厂——广东罐头厂。有意思的是，之后20多年，这家罐头厂的出品绝大部分销售到港澳地区，而计划经济时代本地普通人收入极其微薄，要弄到这样的吃食很不容易，主要靠港澳亲戚带回来，有路子的找人批条子方能购买。而著名的豆豉鲮鱼油麦菜，则要等到20世纪90年代之后才出现，在这之前，那么难得的豆豉鲮鱼罐头，怎么舍得拿来做菜？

做鲮鱼，还是顺德人厉害。而且，他们还拉来顺德第一个状元黄士俊做背书。明隆庆四年（1570年），顺德开县后第一位状元黄士俊出生，黄士俊妈妈出生于殷实人家，坚持用鲮鱼喂养孩儿，三十多年后，黄士俊中了状元。黄士俊中状元与吃鲮鱼扯不扯得上关系这另说，但黄士俊倒是贡献了一所岭南名园——清晖园，建议顺德在清晖园放养些鲮鱼，这个攀亲带故更靠谱。不过，黄士俊的后人还真靠谱，顺德杏坛镇逢简古村的文恩记，那里是黄士俊的后代黄政文在做鲮鱼，味道确实不错，他的状元鲮鱼饼获得中国烹饪协会的"中国名菜"称号，值得一试！如果黄士俊中状元真的与鲮鱼有关，那怎么也得为鲮鱼"之乎者也"几句，遗憾的是，这个真没有。倒是宋代有个诗人，姓沈，名字不详，留下了一首咏鲮鱼的诗：

> 清江绕槛白鸥飞，
> 坐看潮痕上钓矶。
> 松菊未荒元亮径，
> 芰荷先制屈平衣。
> 窗前枫叶晓初落，
> 亭下鲮鱼秋正肥。
> 安得从君理蓑笠，
> 櫂歌自趁入烟霏。

诗写得真好，"亭下鲮鱼秋正肥"，鲮鱼生长缓慢，两年才可长到四两，三年才长到半斤，秋天是鲮鱼最为肥美的时候，因为接下来的冬天，水温低于14℃，鲮鱼不进食，为了度过冬天，鲮鱼必须努力增肥。半斤的鲮鱼称为"三秋鱼"，这名字很浪漫——"一日不见，如隔三秋"，有朋自远方来，何须上东星斑、老鼠斑？来一条三秋鲮鱼，岂不更有意思？关键还省钱！

话说黄花鱼

最近的广州美食圈，被黄花鱼"暴圈"了。炳胜推出黄花鱼宴，跃餐厅的焯跃推出的汽焯就是用黄花鱼做菜，而老贺和牛哥的江南渔哥，一直以黄酒蒸黄花鱼主打。曾经濒临灭绝的黄花鱼，大有席卷重来之势。

我从小生活在南海的一个小岛，对我来说，黄花鱼就是明日黄花：20世纪70年代，菜市场每天都有黄花鱼，潮汕人把大黄花鱼叫"金龙"，金灿灿的颜色，黄色是皇家专用，那时社会还很纯洁，没往歪里想。皇家为龙，故叫金龙，一斤六毛钱。小黄花鱼叫"红口"，与大黄花鱼很像，只是小一点，区别最明显的地方就是嘴巴是红色的，一斤四毛钱。至于梅童鱼，也有，只是大家都看不上，所以没人会拿到菜市场去卖，那是用来喂猪的。

上面说的前两种，就是黄花鱼大家庭的成员，而梅童鱼则是它们的表亲，外形很像，味道和口感相差无几，简单区分方法是：大黄花鱼长度超过23厘米，梅童鱼不超过15厘米，且头大身圆，长度居两者中间的就是小黄花鱼。

在中国，黄花鱼分布于北起黄海南部，经东海、台湾海峡，南至南海雷州半岛以东，属暖温性集群洄游鱼类，常栖息于水深60米以内的近海中下层。由于不需要长途奔徙，黄花鱼有近海鱼体形不大、肉质细腻的优点；由于生活在60米的中下层，它也没有近海鱼肌间刺多的缺点；黄花鱼在深海与近海之间洄游，要适应海水不同的咸淡，这就需要拥有更多的氨基酸来平衡，因此也为黄花鱼带来了更出色的鲜味；只吃小鱼小虾不吃藻类，所以没有近海鱼令人讨厌的泥腥味；每100克鱼肉中仅含2.5克脂肪，这不仅不油腻，而且自带清香。黄花鱼会变色，白天为保护色白色，那是为了伪装，既有利于躲避其他大鱼，又不被小鱼小虾发现，便于觅食。而一到夜晚，就回归到它的本色金黄色，这就是夜间捕捞的黄花鱼是金黄色，白天捕捞到的黄花鱼是白色的原因。肉质细腻、鲜甜、刺少、没泥腥味、不油腻，还有高颜值，这符合一条优秀鱼的所有品质要求，所以历来受人喜欢。

受人喜欢到什么程度呢？据《清稗类钞》记载："黄花鱼，每岁三月初，自天津运到京师崇文门税局，必先进御，然后市中始得售卖，都人呼为黄花鱼。当卢汉铁路未通时，至速须望日可达，酒楼得之，居为奇鲜，食而甘之，诩于人曰今日吃黄花鱼矣。"大清时，京城人吃黄花鱼，皇宫先挑，然后才上市售卖，吃到黄花鱼，还"诩于人"，到处说，怕人家不知道。此时的大清，江河日下，摇摇欲坠，皇上吃黄花鱼，没有纳入贡品，没有特供，只是优先挑选，这也算走了一回群众路线吧，不过只是被迫的。

据清末民初美食家唐鲁孙介绍，黄花鱼上市时，

北平有接姑奶奶回娘家吃黄花鱼的民俗。"女儿出嫁，上有翁姑，平辈有小姑小叔，晚辈有侄儿侄女，就是吃顿黄花鱼，也轮不到做儿媳妇的稍快朵颐。春暖花开，娘家人于是名正言顺地接姑奶奶回娘家痛痛快快吃一顿黄花鱼。"那时黄花鱼多，不过女人地位不高，在夫家吃不上，还是娘家好！现在女人地位倒是高了，可惜黄花鱼难找了。

大、小黄花鱼，与带鱼和墨鱼一起，曾是中国四大海鱼，可见量之多。明万历年进士，后来官至国子监祭酒、礼部尚书的朱国祯，在记录明朝典章制度、社会风俗、人物著作的《涌幢小品》中载："海鱼以三四月间散子，群拥而来，谓之黄鱼，因其色也。渔人以筒侧之，其声如雷。初至者为头一水，势汹且猛，不可捕；须让过二水，方下网。簇起，泼以淡水，即定。举之如山，不能尽。"

古人知道捕鱼要适可而止，见到鱼群，放走前面两批后才撒网，尽管如此，捕到的鱼还"举之如山，不能尽"。这种丰收景象却止于20世纪80年代，1974年初春，浙江省组织了近2000对机帆船前往大黄鱼的主要越冬场外海中央渔场围捕，捕获16.81万吨黄花鱼。这是一次灭门式的捕捞，自那以后，黄花鱼资源一蹶不振，形成不了鱼汛，只能偶尔捕到几条，物以稀为贵，野生黄花鱼每斤的价格已经达几百元甚至几千元。

可喜的是，近年黄花鱼的人工饲养技术取得了重大突破，福建宁德黄花鱼从网箱养殖突破到海里大网箱喂养，超大的网箱让黄花鱼有更大的生活空间，其生长状况更接近于野生，因而，不论从外貌还是口感，都几近野生。当然，人工饲养的黄花鱼，由于没有洄游功能，氨基酸含量少一点，与野生黄花鱼比，同样的新鲜度下，鲜味还是差一些。如何分辨野生还是人工饲养的呢？看胸鳍！野生鱼需要奋力游泳觅食，胸鳍会更长，而饲养的鱼没这个需要，胸鳍退化。把胸鳍往上翻，能盖住眼睛的就是野生的，这个方法，对其他鱼也适用。

经常有朋友为哪里的黄花鱼好吃而争论不休，究竟是黄海的好？还是东海的好？抑或是南海的好？我个人认为，决定鱼好吃的首要因素是新鲜度。鱼的鲜来自氨基酸和氧化三甲胺，鱼死后，鱼里的蛋白酶会分解蛋白质，将大分子的蛋白质分解为小分子的氨基酸，再进一步就发臭！鱼死了之后，氧化三甲胺也会转化成三甲胺，三甲胺就是腥味的元凶。因此，鱼是当地吃最好吃，长途贩运，鲜味大打折扣。生长在不同海域的人，小时候在生长地吃过最新鲜的鱼，留下深刻的记忆，认为家乡的鱼最好吃，这一点都不奇怪。

黄花鱼也叫黄鱼，颜色金黄，叫黄鱼倒容易理解，但为什么扯上"花"，叫黄花鱼呢？传说与苏东坡有关，说苏东坡在山东登州以朝奉郎知登州军州事，虽然才做了五天，却在当地一个饭馆吃到极好吃的鱼，苏东坡让厨师出来见一下，出来的是一个十六岁的姑娘，名"黄花"，苏东坡因此为这鱼起名"黄花鱼"。这个故事没有可靠的文献资料佐证，当笑谈好了。民国时的盐业公司经理岳乾斋是黄鱼大粉丝，黄鱼上市时，每餐必有一碗侉炖黄鱼，他对黄花鱼的缘起解释是："黄花鱼到了菊花开时鱼汛最盛，也特别肥美，鱼黄如菊，所以北方人叫它黄花鱼。"这倒与花扯上关系了！我个人推测，因为黄鱼肉质细腻鲜美，让人想起黄花闺女，又是黄色，故名！

这个推测靠谱不靠谱，欢迎大家讨论，不过，以今天黄花鱼的价格，应该叫"黄金鱼"了！

美食科普时刻

生活在深海与近海之间的鱼更鲜美？

在深海与近海之间洄游的鱼，为了适应海水不同的咸淡，就需要拥有更多的氨基酸来平衡，丰富的氨基酸带来了出色的鲜味。反之，鱼冰冻后，随着氨基酸的流失，鲜味也就流失了。

续说黄花鱼

前段时间写了一篇黄花鱼，总觉得意犹未尽，这次到上海、浙江杭州走了一圈，又吃到其他两种做法的黄花鱼，看来当下这个高端食材确实处在风口。今天我们就来聊聊黄花鱼不同的死法。

黄花鱼广受欢迎，由于过度捕捞资源枯竭，价格不菲。可以卖出好价钱，大厨们铆足了劲研究黄花鱼的做法，务求味道好、卖相佳，最好还能独树一帜，与众不同。这是美食里的经济学，倒不用藏着掖着，撬开你的刁嘴时顺便撬开你的钱包，这没毛病。大师傅们的不同做法，各有各的精彩，非要来个黄花鱼烹饪大赛，评出个甲乙丙丁，既不科学，也难以做到。但我们倒可以通过了解黄花鱼的各种优缺点，去理解大师傅们的不同创作。

黄花鱼肉质细嫩，这是中小型鱼的共同优点：不具有大块肌肉，又不需要长途奔徙，负责肌肉收缩的肌原纤维蛋白不多，也几乎没有包覆着肌肉的结缔组织，因此肉质细腻。肉质细嫩也不尽是优点，比如一夹就碎，不仅不容易送入口，还影响卖相。简单的方法是进餐时筷子、汤匙一起来，明明是吃黄花鱼，却弄出了吃豆腐的架势。如何解决这个问题，大师傅们估计费了不少脑汁。新鲜的黄花鱼自带鲜味，那是缘于黄花鱼要进出咸度不一的海域，需要更多的氨基酸去平衡身体，提高适应能力，而氨基酸正是鲜味的主要来源。但黄花鱼这点氨基酸显然不能满足刁嘴们的要求，也配不上黄花鱼的黄金价。如何激发出更多的氨基酸，让黄花鱼更鲜，这一点估计也给大师傅们出了不少难题。海鲜都要求生猛，那是因为提供海鲜鲜味的另一个成分是氧化三甲胺，一旦海鲜死了，氧化三甲胺里的氧离子会被分解"跑路"，氧化三甲胺变成三甲胺，这个东西就是腥味的元凶。而野生黄花鱼几乎不能养活，养殖的倒是可以让它继续生猛，但味道和口感还是有些差别，这个问题，对大师傅们来说估计也愁坏了。

　　黄花鱼死后，其营养供应源断了，但黄花鱼里面的各种细胞仍然存活，其中蛋白质成为蛋白酶的营养源，蛋白酶对蛋白质进行分解，蛋白质发生水解，专业上称为"自溶反应"，表现为肌肉由紧实变得松软，口感上就是绵糯，再进一步就是腐烂。自溶反应给甜虾、腌蟹等带来的绵糯口感很受欢迎，但对黄花鱼来说却是灾难性的，原本就偏嫩的肉质，变成软绵绵烂乎乎的，让人想到不新鲜！这是自溶反应的弊端。当然，自溶反应也并非一无是处，蛋白酶对蛋白质进行分解，会把部分大分子的蛋白质分解为小分子的氨基酸，而氨基酸正是鲜味的主要来源，这是自溶反应的利处。如果能赶在鱼肉水解变得软糯之前加工，既享受了收获更多氨基酸的利处，又避免鱼肉口感变差，那叫一个好！大师傅们在这方面做了无数次摸索，发现有的冰鲜黄花鱼比新鲜黄花鱼味道更鲜，这是有道理的：用冰覆盖的黄花鱼，冷藏延缓了腐败的速度，恰当的时间刚好趋利除弊。现代物流给这种"恰当时间"提供了可能，比如福建宁德闽东壹鱼的半野生黄花鱼，半夜捕捞，马上用冰碎冷藏，冷链配送到各大城市，当天下午就可以到达，送上晚餐的餐桌，我就吃不出冰鲜的感觉。

将海鲜冷冻至零下十几摄氏度甚至几十摄氏度，更有利于保鲜，但是，鱼里的水分在零摄氏度以下结冰，变成锋利的冰凌，如一把把尖刀，破坏了海鲜的蛋白质分子，一旦解冻，蛋白质就会流失，那就是你看到冻肉解冻时的一汪血水。低温速冻技术一定程度改善了这个问题：短时间的降温，冰凌变得更加细小，对蛋白质的破坏大为减少，但还是有所减损。所以，大师傅们对黄花鱼，首选新鲜的，次选冰鲜的，低温速冻和普通冷冻，对高档餐厅来说，目前还未能接受。

了解了黄花鱼这些特点，我们就很好理解大师傅们对黄花鱼的不同做法了：上海甬府的雪菜堂灼黄花鱼，选用东海野生黄花鱼，经过冰碎保鲜，当天食用，这个就是"恰当的时间"。鱼肉起片，鱼骨熬成浓汤，雪菜的参与，让乳酸里的氢离子带一个正电荷，三甲胺与水或其他物质结合，挥发不出去，我们的嗅觉闻不到，所以感觉不到腥味。鱼骨熬出的浓汤鲜美无比，熬煮让鱼骨释放出蛋白质，蛋白质的疏水端抓紧脂肪，蛋白质的亲水端抓住水，原来互不相溶的油和水因此形成微小油滴，均匀地分布在汤水中，光线照射，反射出来的效果就是完美的奶白色；把火调小，倒进剔去了骨头的鱼片，把温度控制在60℃以内，此时鱼肉刚刚熟。堂灼的好处是离客人近，把鱼肉以最合适的温度呈现在客人面前。因为选用的是野生黄花鱼，肉质更为紧致，温度把握好，送到客人面前时，鱼片还能成形，吃的时候就只能用匙子了，除非你有筷子神功。

杭州四季酒店金沙厅的鸡油暴腌黄花鱼，选用了闽东壹鱼的半野生冰鲜黄花鱼。在东海接近1.2万平方米的超大网箱，黄花鱼有了更大的生活空间，更接近野生状态。尽管如此，其肉质与野生黄花鱼比起来，还是没那么硬实。金沙厅王勇大师用盐在短时间内给黄花鱼入味，同时逼出黄花鱼里的部分水分，让黄花鱼肉质变得更为紧致，这个方法浙江一带称为"暴腌"；鸡油的参与，贡献了氨基酸，这让黄花鱼鲜上加鲜；一条两斤左右的黄花鱼蒸后整条上，很是壮观！

广州炳胜公馆的鸡汤烫黄花鱼，也采用闽东壹鱼的半野生黄花鱼，把黄花鱼肉切大块，先用粥水烫一下，粥水不仅给黄花鱼加热定型，还给黄花鱼裹上一层淀粉，锁住了黄花鱼的氨基酸和蛋白质。再上蒸炉蒸，上桌时，淋上调好味的鸡汤，给黄花鱼增加了氨基酸，这是做加法。这个做法，经过三次加热，温度的拿捏，从定型、蒸到接近熟，到鸡汤催熟，层层递进，令人叹服。每位客人一大块黄花鱼，避开了黄花鱼易碎的弱点，卖相没得说！

广州跃餐厅的汽焯黄花鱼，也是选用闽东壹鱼的半野生黄花鱼，把鱼肉切成大块，用黑松露和白蘑菇做出假鱼鳞铺在鱼身上，也是给黄花鱼提供了另类的氨基酸，既有海味的鲜，又有山珍的鲜。每位客人面前摆一个小蒸笼，小蒸笼下面有一个自热包，将水倒入自热包里，自热包里有氧化钙（生石灰粉），氧化钙和水反应，释放出大量的热量，就把鱼给蒸熟了。在客人面前表演，好玩！这种表演，蒸的时间精确到秒，火候之精准，完全量化，不会失手！

一记味觉的黄花鱼鱼饭，选用游水养殖的黄花鱼，蒸熟后放凉，潮汕人称为"鱼饭"，可以当饭吃饱的意思。鱼蒸熟后放冻吃更鲜，那是因为氨基酸的分子结构在16℃～120℃时，温度越低越稳定，表现出来的就是越鲜。鱼饭蘸上普宁豆酱，简直鲜到眉毛都要掉了！

野生黄花鱼可遇不可求，一条一斤以上的要几千元甚至上万元，这离我们的生活太过遥远；半野生的黄花鱼，价格是野生黄花鱼的十分之一，但一条几百元至几千元也与家常无关。我倒喜欢到菜市场买游水网箱养殖的黄花鱼，七八两一条，一斤才四十多元，买回家清蒸、油盐蒸，或者切成两段用酱油煮，尽管没有大师傅做得那么豪华，但也美味得很，价格也家常得很。

美食科普时刻

鱼骨汤
为什么 ？
是奶白色的

热煮让鱼骨释放出蛋白质，蛋白质的疏水端抓紧脂肪，蛋白质的亲水端抓住水，原来互不相溶的油和水因此形成微小油滴，均匀地分布在汤水中，光线照射下便呈现奶白色。

鱼饭的秘密

　　把不剖膛、不打鳞、不去鳃的海鱼，装于小竹篓里，放入盛着盐水的大锅中煮熟，再自然冷却，这就是"鱼饭"。这个做法，是潮汕沿海所特有的，随着潮菜热的兴起，鱼饭也被披上各种面纱，越说越玄。来，让我这个从小生活在潮汕海岛的人告诉你鱼饭的秘密。

　　鱼饭的来历，缘于没有冰的时代的一种保鲜手段。机械化时代到来以前，潮汕渔民出海捕鱼，靠的是帆船，渔民计算好潮起潮落的时间，准时出海，还得赶着时间上岸，把一天的渔获上市变现。帆船以海风为动力，辅以人力划桨，是个重体力活，渔民几乎个个都是大胃王。潮汕沿海，人多地少，粮食严重不足，渔民用鱼充饥，船上烹饪条件有限，用海水把卖不起价的鱼简单煮熟，就着米饭或粥，就是一餐。吃剩的鱼也带回家，吹了几个小时海风的鱼饭，别有一番风味。

　　计划经济年代，渔民的渔获只能交给各个人民公社设在渔港的水产收购站收购，高价值的鱼量少，在市场上很快卖完，低价值的鱼本地销售不完，必须

运到离海边远一点的城市和乡镇卖，如何保鲜就成为大问题。水产收购站学习渔民的方法，把鱼放入小竹篓，在盐水中煮熟，然后运到别的地方卖。

改革开放后，农村包产到户，渔民也重获捕鱼和卖鱼的自由，生产的积极性一旦被解放，生产力大大提高，于是机械化渔船出现了。新鲜的鱼售价更高，沿海各地出现了制冰厂，多设在港口，渔民出海时也带上冰，就没有必要在船上做鱼饭了，水产收购站也日渐式微，煮鱼饭的一下子少了。但市场还是有需求的，毕竟鱼饭价廉物美耐存放，于是有人专门在市场买低价鱼，做成鱼饭，成为鱼饭专业户。

情况就是这么个情况，鱼饭是被逼出来的美食。从渔民零星煮鱼饭到水产供应站大规模煮鱼饭，再到鱼饭专业户煮鱼饭，变化的是时代，不变的是煮鱼饭的工艺：

1. 将鱼洗净，不用杀鱼，不用去腮去肚，因为没空。

2. 放入竹篓中，头朝里、尾朝外摆放，或者头朝外、尾朝里摆放，因为有规律的排列更有利于空间利用。

3. 撒上粗盐，放个蒸隔，从前是竹的，现在是铝的，再压块石头，防止篓里的鱼变形。

4. 把层层叠叠装着鱼的小篓放进大锅里，锅里的水是按比例调好的盐水，水开后猛火煮15分钟。

5. 把一篓篓煮好的鱼取出，再用盐水冲一下，既给鱼饭降温，又冲走煮鱼时产生的浮沫。这是大规模生产的工艺，你在广东各城市各个肉菜市场里潮汕人开的小店里买到的鱼饭，就是这么处理的。

现在各个潮汕餐厅的鱼饭，讲究一些，煮前会刮鳞去

腮去内脏，有的改煮为蒸，有的改自然降温为冰箱冷藏降温，更有甚者，把低价鱼换成高价鱼，目的是卖高价……不论如何变化，它还是叫鱼饭。

明明没有饭，为什么叫"鱼饭"呢？在物资匮乏年代，大米不足，米饭是潮汕海边人家的奢侈品，潮汕人会在米饭中掺入大量的番薯，这叫番薯饭；加入芋头，叫芋饭；加入南瓜，叫南瓜饭……总之是看不到汤汁，干的。

按上述工艺煮出来的一篓一篓鱼，也没有汤汁，干的，渔民就把"什么饭"这个概念引申到鱼中，称之为"鱼饭"，于是有巴浪鱼饭、花仙鱼饭、红鱼饭、那哥鱼饭、公鱼饭……至于把鱼当饭吃，从小生活在海边的我没见过：渔获从来就不会太多，捕来的

鱼主要是卖钱变现，留一点低价鱼自家吃，送一两条高价鱼给至爱亲朋，把鱼当饭吃的传说，就如拿人民币当厕纸一样有趣！偶然的鱼汛是大丰收，也不会把鱼当饭吃。丰收了，可以吃顿白米饭，犒劳一下自己，对渔民来说，饭比鱼好吃多了，让你吃鱼饭吃饱，试试？可别忘了，从前的鱼饭是偏咸的。

鱼饭是潮汕渔民对保鲜技术的伟大运用，放个三天五天不臭，如果是生鱼，早就长出蛆虫了。这是因为，常温下熟的肉类比生的肉类更不容易腐败。

食物变质的主要原因是细菌的生长，细菌的生长需要三个条件：一是菌种，食物中所含细菌越多，越容易变质；二是温度，常温是细菌的温床；三是细菌所获得的养分。把鱼煮熟了，细菌给消灭了大部分，所以更耐存放！鱼的内脏是细菌的聚居地，但要处理那么多的鱼，确实忙不过来，只好将就，如果把鱼鳃、鱼肚掏干净，当然更有利于保鲜。而鱼饭不去鳞，倒是有利于运输，相当于给鱼饭加了个保护层。小篓的运用，也充满智慧：既不妨碍传热，又有利于定型，既方便装卸，又方便运输；山里人编篓，海边人做鱼饭，山里人卖篓给海边人，海边人卖鱼饭给山里人，靠山吃山，靠海吃海，潮汕人早就实现了经济内循环！

　　鱼饭是潮汕人民的一项伟大美食发明。只有盐的参与，保留了鱼的本来味道。鱼的鲜来自谷氨酸和核苷酸，鲜味的体现，必须有盐的参与。氨基酸在16℃~120℃时，分子结构稳定，在这个区间，温度越低，分子越稳定，表现出来就是越鲜。把鱼煮熟后放凉吃，因为低温，所以更鲜！

　　极鲜的鱼饭，又是极腥之物。鱼饭的腥，元凶是三甲胺，三甲胺又来自鱼的鲜味的另一个源头——氧化三甲胺。鱼死后，氧化三甲胺中的氧离子被分解掉，剩下充满鱼腥味的三甲胺，鱼死的时间越久，三甲胺越多，鱼也就越腥。减少三甲胺影响的方法，一是尽量新鲜，二是冲洗，三是用酱料驱赶和掩盖，比如料酒和姜葱。鱼饭的做法不利于去除三甲胺的影响，因此极腥，首次接触鱼饭的人会受不了。幸好腥味是由嗅觉感知的，只要忍住，过了鼻子这一关，你就可以尝到极鲜的味道。

　　当然了，也有不腥的鱼饭：用游水生猛的鱼来做鱼饭，三甲胺极少，也就不腥了。这种鱼，通常是人工养殖的，与野生鱼比，鲜味会略嫌不足。

鱼饭的绝配酱料是普宁豆酱，金黄色的豆酱，富含蛋白质、氨基酸、还原糖，让鱼饭鲜上加鲜。选用优质黄豆为原料，配以面粉、食盐和水等制作而成的普宁豆酱，制作技艺流程复杂，包括曝豆、碾豆、浸豆、炊豆、饲醭、推醭、推水醭、煮酱、装酱等。它与北方豆酱最大的区别是，普宁豆酱属于半发酵豆酱，通过煮酱这个环节，高温灭活蛋白酶和其他酶菌，让大豆的发酵过程中止。这样生产出来的豆酱，酱香不足，但鲜味浓烈。

鱼饭本来就想表现鱼的本味，酱香会掩盖鱼味，而酱香不足的普宁豆酱，仿佛是为鱼饭度身定制，相得益彰！

潮汕人餐桌上的鱼饭，多出现在早餐或夜宵中，作为喝粥的配菜。潮汕人称喝粥为"食糜"，这是一种延续了数千年的饮食习俗。《礼记·月令》就有："是月也，养衰老，授几杖，行糜粥饮食。"魏晋时的《释名》在《释饮食》篇中说："糜，煮米使糜烂也。"现在"糜"字意指糜烂，是引申义，潮汕人用的"糜"才是古汉字的本义。

潮汕人保留喝粥的习惯，倒与坚持习俗无关，更多的是因为潮汕人多地少，粮食紧缺。水多米少的粥，与咸鲜的鱼饭搭配，清爽又丰富。出现在夜宵档"打冷"里的鱼饭，品种多到让人眼花。据潮汕话研究专家林伦伦教授考证，"打冷"就是"打人"，是东南亚地区以及中国港澳地区潮汕人吃夜宵食糜的意思。过去香港的洪帮里潮汕人和福建人很多，他们晚上经常要出去打打杀杀，早打的就回来再吃夜粥；晚一些出场的就吃完夜粥才去。也就是说，有出去"打冷"就有粥吃，"打冷"就变成"吃粥""夜宵"了。这个叫法开始只在洪帮兄弟中流行，是帮会的秘密语，但慢慢地就在香港的老百姓，尤其是喜欢吃潮式夜粥的人群中流传开了。

变化的是时代，不变的是文化的传承，潮汕，这个被陈晓卿老师誉为中国美食孤岛的地方，也是中华文化的孤岛，希望你喜欢鱼饭，也喜欢上潮汕人！

潮式麦溪鲤鱼煲

在广州市白云区方圆云山诗意对面的东江鱼鲜，居然偶遇麦溪鲤鱼，这让我想起儿时的美食——潮式鲤鱼煲。在物资紧缺年代，虽然不至于挨饿，肉却是少见，李逵的名言"口里淡出鸟来"，就是那时候的状况。父亲的同事杏丰伯，每个月发工资时，都会弄一顿肉吃，叫上父亲和我一起改善一下生活，而鲤鱼煲就是最好的美味……广州的肉菜市场不可能有麦溪鲤鱼卖，从酒家里买，三十多元一斤，贵是贵点，物以稀为贵，就做一道潮式麦溪鲤鱼煲。

一、原料

1. 麦溪鲤鱼一条，约一斤八两，去肚去腮留鱼鳞。
2. 五花肉二两。
3. 番茄一个连皮一开四、汕头咸菜一包、腌制酸梅两颗、姜四片。

4. 二十个整蒜，不拍碎，剥去蒜衣，低火烧油后慢慢把大蒜炸至金黄色后捞起备用。油变蒜香油，留着以后炒菜用。

二、做法

1. 将所有材料放进砂锅中，加清水至淹没所有材料，大火烧开后转中小火煲一个小时。
2. 试一下味道，如果太淡可加一点盐，我的口味就不用加盐了，再加半克味精提味即可连煲上桌。

三、为什么选用麦溪鲤鱼？

麦溪鲤，因产于广东省肇庆市高要区大湾镇古西村麦塘和白溪塱塘（合称为麦溪塘）而得名。麦溪鲤头细嘴小，肩高脯隆，腹圆身肥，浑身柔软，鱼身两侧有3条光闪闪的金线由鳃部一直延伸到尾部。尤其是鱼腹，金光灿灿，甚是喜庆。

麦溪塘原本是耕地，早稻收割完后，农民留下稻禾禾头，再把山泉水引入塘中养鱼。塘里自然生长着野生小荸荠、麻慈籽、茹草等丰富的天然饲料，因此，麦溪鲤无须人工喂养就能长得膘肥体壮，而且鱼肉无泥腥味。虽然这些鱼三餐无忧，但它们必须用尽全力才能获取到食物，尤其是麻慈籽生长在较深的泥土里，鱼在获取食物时运动量大，因而麦溪鲤肉质鲜嫩，细腻弹牙，肉香中仿佛有鸡肉的香味，香中带甜。麦溪鲤烹煮时不用刮鳞，因为鱼鳞下面富含脂肪，鳞一去，脂肪也会流失，岂不可惜!

广州人基本不吃鲤鱼，说鲤鱼有毒，易发其他病，这纯属胡扯。想当年，鲤鱼可是贵重之物。孔子的大儿子出生时，孔子正担任鲁国的司寇（相当于中央政法委书记），鲁国国君送来了一条鲤鱼当贺礼，孔子感恩戴德，给儿子取名孔鲤，字伯鱼，以此纪念王恩浩荡!《诗经·陈风·衡门》云："岂其取妻，必齐之姜？岂其食鱼，必河之鲤？"意思是：娶老婆啊，要娶齐国的女人。吃鱼啊，要吃黄河的鲤鱼!北魏杨炫之的《洛阳伽蓝记》说："别立市于洛水南，号曰四通市，民间谓永桥市。伊、洛之鱼，多于此卖，士庶须脍，皆诣取之。鱼味甚美，京师语曰：洛鲤伊鲂，贵于牛羊。"洛水是黄河支流，洛河的鲤鱼，也是黄河鲤鱼，居然比牛羊还贵，可见也应归高

鲤鱼煲
LI YU BAO

　　档食材之列。

　　黄河鲤鱼为什么好吃？那是因为黄河水流湍急，鲤鱼必须拼命游动，生命在于运动，美味也在于运动，运动多的鲤鱼，肌凝蛋白多，而肌凝蛋白脂肪含量也多，所以美味。"鲤跃龙门"，龙门即禹门，位于山西河津市西北，这里的"鲤鱼"，也是黄河鲤鱼。传说鲤鱼跃过龙门后，就会成龙升天而去，这个传说虽属胡扯，但也说明黄河鲤鱼运动能力惊人，所以好吃。

　　同样属于胡扯的还有说唐朝的时候不给吃鲤鱼，原因是李姓是唐朝的国姓，"鲤"与"李"同音，所

不饱和脂肪酸

BU BAO HE ZHI FANG SUAN

以不能吃。这个说法见唐朝段成式的《酉阳杂俎》，"国朝律，取得鲤鱼即宜放，仍不得吃，号赤鲟公，卖者仗六十，言鲤为李也"。《酉阳杂俎》相当于小说，有时不太严肃，有时也胡说八道。之所以敢判断这个说法是胡扯，依据是鲤鱼多次出现在唐诗中，比如王维的"良人玉勒乘骢马，侍女金盘脍鲤鱼"，这里吃的是鲤鱼刺身！白居易也写下了"船头有行灶，炊稻烹红鲤"，这是红烧鲤鱼。

在古代，海洋捕捞技术不发达，保鲜与物流也很原始，作为政治中心和经济中心的中原，鲜有海鱼吃，鲤鱼被列入四大名鱼可以理解。现在选择多了，鲤鱼多骨，带土腥味不受待见，吃的人便少了。但是，鲤鱼的蛋白质含量高，而且质量也很高，人体消化吸收率可达96%，并含有能供给人体必需的氨基酸、矿物质、维生素A和维生素D等元素。鲤鱼的脂肪多为不饱和脂肪酸，能最大限度地降低胆固醇，可以防治动脉硬化、冠心病，称得上价廉物美。

鲤鱼的鱼鳞有纹理，因此得名。《本草纲目》中说鲤鱼"其脊中鳞一道，从头至尾，无大小，皆三十六鳞"。鲤鱼冬季冬眠，不进食，骨瘦如柴，所以不好吃。春天怀春产卵，很是肥美，但主要营养在鱼卵和鱼白上，肉反而脂肪含量不高。夏天的鲤鱼，刚经历一次大生产，精疲力尽，也差强人意。秋天的鲤鱼，疯狂进食，为即将到来的寒冬积蓄能量，最是肥美，粤语地区有鱼谚"春鳊秋鲤夏三黎"，很有科学道理。潮菜中还有一道传统名菜，鲤鱼炖莲藕，很是美味，可惜食材太普通，卖不出好价钱，这道名菜基本在菜单中被剔除。若想吃，还真得自己动手。

五、为什么要下这些佐料?

鲤鱼的鲜美,来自其身上自带的少量游离氨基酸,一个小时的炖煮,鲤鱼和五花肉里大分子的蛋白质也会分解为小分子的氨基酸,所以鲜美。五花肉里的谷氨酸与鲤鱼的谷氨酸产生味觉相加效应,与鲤鱼里的苷氨酸产生味觉相乘效应;番茄是富含氨基酸的食材,每100克番茄含1400毫克谷氨酸,比猪肉的含量还高,也给鲤鱼增加了鲜味。鲤鱼的土腥味实质上是藻类的味道,鲤鱼吃长在泥巴上面的藻类,麦溪鲤鱼的生长环境极少有藻类,所以土腥味不重。但土腥味是令人不舒服的味道,必须尽量克服,番茄、酸梅的酸味和姜、蒜的味道,起到盖住土腥味的作用;鲤鱼的腥味还来自三甲胺,这是鱼里的氧化三甲胺分解而来的,番茄、咸菜、酸梅都含氢离子,氢离子在氧化三甲胺的氧离子"出走"后抢先与三甲胺结合,三甲胺挥发不出来,腥味就减轻了。整蒜炸至金黄,蒜氨酸酶没机会与蒜氨酸发生化学反应,产生不了吃了嘴巴臭的大蒜素,只保留蒜氨酸的香味和甜味,奇香无比!

物美价廉,不一定能够生存;待价而沽,吊起来卖,反而受人待见。我说的不仅仅是鲤鱼!

老广的豆腐

从刘安算起，老祖宗们捣鼓了豆腐一千多年。老广也没闲着，也做豆腐、吃豆腐，而且讲究得很，有些做法和吃法，还形成了独特的地方特色，比如清远清新的水鬼重豆腐、客家的酿豆腐、潮汕的普宁豆干。

清远市清新区浸潭、石潭一带，山清水秀，山泉水中含钙量高，当地人用精选的大豆和山泉水做豆腐，在豆腐制成后，用土榨花生油将豆腐炸至金黄色，令"水鬼重豆腐"的表面金黄、香韧，豆腐内里水分充分、香滑宜人，再将炸过的"水鬼重豆腐"沉入山泉水中浸泡待销售。这一沉，豆腐的重量就会增加，像"水鬼"一样重，当地的村民称这种豆腐为"水鬼重豆腐"。

烹制"水鬼重豆腐"，多以红烧或者炖为主。油炸过的豆腐，已经定型，不会因为长时间的炖煮而被破坏，红烧或者炖煮，让豆腐更入味，吃起来就外面香、里面滑，且香味自然而浓郁，既嫩滑又不失嚼劲。

客家酿豆腐，也称为东江酿豆腐，是客家名菜之一，据说与北方的饺子有关。客家人的祖先是中原人，客家人聚居区不适宜种小麦，面粉难得，于是把对饺子的念想转化成酿豆腐：将油炸豆腐或白豆腐切成小块，

在每小块豆腐中央挖一个小洞，用香菇、碎肉、葱蒜等佐料做成馅，填进小洞里，用砂锅小火长时间烹煮，就是客家酿豆腐。集软、韧、嫩、滑、鲜、香于一身的客家酿豆腐，呈浅金黄色，豆腐的鲜嫩滑润，肉馅的美味可口，再加上汤汁的浓郁醇厚，让人欲罢不能。

　　普宁首先制作豆干的是普宁燎原镇光南村人，最早在明代初期，传说还是陈友谅的军师何野云所授的制作方法。豆干就是老豆腐，潮汕话"干"与"官"同音，做官也是潮汕人的奋斗目标，让小孩子多吃豆

豆腐

DOU FU

干，寄希望于其长大后做大官，这一联想非常符合潮汕逻辑。为了把这逻辑坚持到底，每一块豆干中间还有一个内凹方形小印，以此象征官印。

普宁地处丘陵，依山傍水，所以普宁的水质都十分清澈甘甜，有如山泉水一样甘美，这样的水做起豆干来，十分合适。与其他地方的老豆腐不同，普宁豆干原材料除了大豆，还有番薯粉，所以吃起来有点米豆腐的感觉。有的豆干还是黄色的，那是把豆干做好后用栀子上色，潮汕人称栀子为黄栀，黄色也带点官方色彩，这也是潮汕逻辑。

把整块豆干放入滚开的油鼎中炸，豆干一入油鼎，便开始冒泡，滋滋作响，片刻后，炸涨，皮呈赤黄色，捞起，用刀切成四小块，此时见到的豆干是外焦内脆，白汽腾腾，用筷夹起，蘸上韭菜盐水或加上辣椒的卤咸汁，外皮柔韧、内肉嫩滑，香味久存唇齿之间。对普宁豆干描述最形象的，还应数我的学长，毕业于中大历史系的潮剧编剧大师张华云先生，他写有一首赞美普宁豆干的诗：

脆皮嫩肉气腾腾，
蘸以香椒热辣綮。
难遽下咽频转动，
待吞落肚汗微生。
宜将温酒三杯下，
却把虚荣一笑轻。
美食珍馐随处有，
家乡风味最牵情。

把大豆变成豆浆或豆腐，是老祖宗的大智慧。大豆富含蛋白质、脂肪、氨基酸，在缺肉年代，它就是人类最佳的营养来源，但人体对大豆的消化和吸收非常有限，那是因为大豆含有抗营养因子，不溶性纤维和寡糖也令人体肠道产生气体，所以大豆吃多了总放屁。将大豆浸泡磨浆，这是对蛋白质和脂肪进行萃取，抗营养因子和不溶性纤维就留在豆渣中，大豆的营养更好地被人体吸收。

制作豆腐的过程，也是大豆内部化学反应的过程：大豆含不饱和脂肪及能分解脂肪的酵素，两者都互不侵扰，磨制豆子，大豆的细胞受损，两者突破各自的细胞壁，发生化学反应，酵素结合氧气，将含碳长链的不饱和脂肪分解成长度为8个碳原子的碎片，这些碎片带来类似禾草、油漆、硬纸板和酸败脂肪的气味，这种"豆味"令人不舒服。

做豆腐时，把大豆磨成浆后尽快煮豆浆，那是高温把酵素灭活，不让它们侵扰脂肪，就没有令人不舒服的豆味！

大豆含20%的脂肪、40%的蛋白质和30%的碳水化合物。打成豆浆后，蛋白质就进到水里，但脂肪不溶于水，进不到水里，可是，豆浆并没有一层油浮在

水上面，这是蛋白质在起掺和作用，蛋白质疏水端一头抓住油，亲水端一头抓住水，这些细微的小油滴就均匀地分布在水中，光线照射，就是奶白色。

蛋白质与蛋白质之间各自为政，互相连接不起来，北方加入盐卤水，就是氯化镁和氯化钙，南方加入石膏，就是硫酸钙，做内酯豆腐加入葡萄糖酸内酯，都是凝固剂，把豆浆里的蛋白质连接起来，一挤压，就成了豆腐。老祖宗做豆腐，就如在做化学实验，让大豆更好吸收、更有风味、更有口感，也更好烹制。

以上三种老广豆腐，都有油参与煎炸，这在缺油少肉年代，实属不易，可见也不是平时的吃食。油煎油炸，高温让豆腐里的蛋白质分解为小分子的氨基酸，所以又鲜又香。

南宋林洪在《山家清供》中，有"东坡豆腐"的制法："豆腐，葱油煎，用研榧子一二十枚和酱料同煮"，也是油煎。林洪离苏东坡的时代很近，似乎不是杜撰，但翻遍东坡的文集，却未见东坡豆腐的记载，这个大美食家，但凡有个什么好吃的，都不吝惜文字大书特书，所以，这种油煎豆腐的做法，是不是苏东坡所发明，还得存疑。榧子是香榧树的果实，大小如枣，两头尖，呈椭圆形，油脂含量也比较高，与煎豆腐同煮，味道估计也不错。

古时的广东，与中原比，还属于贫困地区，那时候又没有扶贫措施，老广只能在可怜的吃食里尽量捣鼓多一些花样。豆腐多出自穷人的餐桌，所谓"贵人吃贵物，穷人吃豆腐"，说的就是这么回事。

酵素 JIAO SU

— 108

纪晓岚在《阅微草堂笔记》中讲了这么个故事：一个叫申诩的进士，"衣必缊袍，食必粗粝。偶门人馈祭肉，持至市中易豆腐，曰：非好苟异，实食之不惯也。"缊袍就是乱麻为絮的袍，穷人才穿的，进士还不是官员，申诩那时估计做老师，学生送块肉给他，他拿去集市换豆腐，为了面子，说自己吃肉吃不惯，估计一块肉可以换好多豆腐！

豆腐也进过宫里，那是明朝时的事。朱元璋是贫困人家出身，坐拥江山后，规定每餐必有粗菜，目的是让子孙们"知外间辛苦"，其中就包括了豆腐。

清代吴骞《拜经楼诗话》讲了一个故事，说明代翰林院是清水衙门，皇帝到别的地方赴宴，翰林们就向光禄寺索要已经做好了的御膳，改善一下生活。有一年轻翰林去晚了，只端回一盘豆腐，大为懊恼。老翰林知道了，十分高兴，抢过来大快朵颐，原来这豆腐是用几百只鸟的脑髓做成的！看来，形式主义，古已有之。

物资匮乏年代已经成为过去，老广的餐桌也丰富得很，但食材真不必以贵贱排座次，那些以"名贵食材""全城"最贵为幌子的餐厅，"晃"你没商量！生活过日子，平凡才是常态，把平凡的日子过得精致，就如老广的豆腐，才有些意思。

被誉为君子菜的苦瓜

苦瓜，广府人叫凉瓜，叫苦连天，不吉利。北方人叫癞葡萄，样子长得丑，如癞蛤蟆，又如葡萄挂藤结果，故取名。它还被誉为君子菜。对老广来说，苦瓜炒蛋，犹如北方人的番茄炒蛋那么简单又多见，再不懂做饭的人也应该学会，否则饿死活该。今天，我们聊聊苦瓜。

苦瓜原产地是位于热带地区的东印度。1492年哥伦布到达美洲，误认为是印度，后来欧洲殖民者将错就错，称南北美大陆间的群岛为西印度群岛，同时指称亚洲南部的印度和马来群岛为"东印度"。这个蔬菜怎么传进中国的，很有争议，有说是郑和下西洋的时候把苦瓜带到中国，但郑和下西洋发生在1405年，回来时已是1407年，而苦瓜的最早记载，却见于1406年朱元璋的第五子朱橚所写的《救荒本草》。在郑和下西洋之前，东南亚各国和我们，不论官方还是民间，已经多有交往，因此苦瓜在更早时传入中国，不奇怪。徐光启在1639年的《农政全书》提到南方人喜食苦瓜，说明当时在中国南方已普遍栽培。随着栽培和繁殖技术的逐步推广，苦瓜也适应温带气候，一路"北伐"，长江以北也

可以种苦瓜。

南方人，尤其是老广极喜欢的苦瓜，在北方受欢迎度就大打折扣了，这不仅是产地造成的陌生感这一原因，还缘于"苦"这个味道确实不受待见。现在公认的"酸甜苦咸鲜"五种基本味道，没听说有人喜欢吃苦的，苦瓜出现在《救荒本草》，饥荒年代才吃啊！"苦"这种味道，是警示人类离它远一点，因为有毒的东西往往带有苦味，而植物带苦味，是保护自己免受攻击的一个方法。

苦瓜之苦，是由于未成熟，成熟的苦瓜，非但不苦，还是甜的，北方吃癞葡萄籽，就是因为甜。未成熟的苦瓜苦，是希望别人别伤害它；成熟的苦瓜甜，是希望别人把它带走，这样它的种子才可以传播出去，开枝散叶，家族兴旺。没想到遇到饥不择食的南方人特别是老广们，硬是把苦瓜变成了美食，大吃特吃。

爱吃苦瓜的人，不是喜欢苦瓜的苦，而是喜欢苦瓜的甘。"甘"这种味道，尽管没有被列入基础味道，但却是神一般的存在，而且往往与苦味、涩感相依相伴。由于苦味太霸道了，我们尝到的第一感觉就是苦，甘反而被掩盖了，好在苦的味道停留时间不会太长，苦味消失后，甘味就彰显了出来，所以有"苦尽甘来"。为了尝到甘，必须先接受苦，这不是所有人都愿意尝试的，比如所有的小朋友，苦瓜也因此被叫作"成年人的菜"，当然了，吃苦瓜可不能称为"成人节目"。

苦既然不受待见，烹饪上的原则就是尽量去除苦味。苦瓜的苦来自生物碱，未成熟的葫芦科植物都有的葫芦素，葫芦、黄瓜、南瓜，包括西瓜，未成熟时都多少带点苦，苦瓜中有苦瓜甙、苦瓜素，都是苦味。

用盐渍后挤去苦瓜汁再清洗，可以去除上述苦味物质；糖渍，则是用甜味中和苦味，道理如同我们小时候喝完中药吃颗糖；潮菜中的腩肉苦瓜，缘于生物碱遇脂肪分解，把苦味去掉了一大半；苦瓜海鲜汤、苦瓜炒鸡蛋，是用鲜味掩盖苦味；广府人的豆豉苦瓜、苦瓜刺身，十分生猛，不是广府人有什么神功不怕苦，而是选用了苦味物质含量较少的江门杜阮凉瓜或类似品种……为了打败苦，老广们奇招尽出，充分显示他们"为食"的天赋。

不过，苦瓜还是对得起吃货们如此辛苦的付出的：苦瓜含有蛋白质、脂肪、钙、磷、铁、胡萝卜素、多种矿物质和维生素，特别是苦瓜中维生素C和维生素B1的含量高于一般蔬菜，不过，这些维生素遇热

分解，只能生吃或榨汁喝；苦瓜中含有类似胰岛素的物质——多肽-P，这玩意有良好的降血糖作用，可以被糖尿病患者当做理想的茶饮，民间的吃法有把苦瓜晒干泡茶喝，缺点是苦，不过，都糖尿病了，还怕啥苦？

苦瓜中含有丰富的苦瓜甙和苦味素，被誉为"脂肪杀手"，能使身体摄取的脂肪和多糖减少，妥妥的减肥食品，不过前提是量要够多，每天两到三根，各位减肥人士，加油！苦瓜还含有一种蛋白脂类物质，具有刺激和增强动物体内免疫细胞消灭癌细胞的能力，它可同苦瓜中生物碱里的奎宁一起在动物体内发挥抗癌作用……想想苦瓜有这么多好处，再苦也不苦了！

对苦味的承受能力，因人而异，有人认为很苦的食物，有人却根本尝不出来，这是口腔里G蛋白偶联受体感知能力不同造成的。同时，苦瓜品种不同，苦的程度也有很大的区别，大体上，越白的苦瓜越苦，越青绿色的苦瓜越不苦，苦瓜颗粒状越小的越苦，越大的越不苦。苦味素主要集中在接近苦瓜籽的白色瓤部分，若不想太苦，就把这一层刮干净。越苦的苦瓜，也越甘，苦味淡点的苦瓜，甘味也淡，如何取舍，你自己选择。

广东有不太苦和很苦的苦瓜，分别是杜阮凉瓜和南澳白珠瓜。杜阮凉瓜产于江门市蓬江区杜阮镇，瓜型肥大，形似木瓜，平顶粒粗，本地人称之为大顶瓜，将其形容为"柿饼蒂，老鼠尾"，色绿如翡翠，肉质丰厚、爽脆无渣、甘而不苦。这主要得益于当地的土壤条件，pH平均值6.0～7.0，种植土层深厚、疏松肥沃、保水保肥力强，相邻区镇同样的降水条件和气候条件，就是种不出相同品质的凉瓜。

杜阮凉瓜不太苦，生吃或榨汁喝都可以接受；南澳白珠苦瓜外皮珠白粒大，呈颗粒状，味道苦中带甘，味淳肉厚，苦到极致，也甘到极致。白珠苦瓜是潮汕的苦瓜品种，其他地方的白珠苦瓜，头部是椭圆的，而南澳白珠苦瓜长出来的头部是尖尖的，味道相对淡一些。白珠苦瓜适合炖、炒，生吃就如吃黄连了。

我有两道白珠苦瓜拿手菜：一斤的白珠苦瓜一个，五花肉八两，苦瓜去瓤后一分为八，五花肉也一分为八，砂锅底放姜片和四块五花肉，再放苦瓜，上面再放四块五花肉，拍八个蒜头放进去，加水至把所有食材淹没，先大火烧开再转中小火，炖两个小时，加盐、味精、淀粉水后即可上碟，每人一块苦瓜一块五花肉，是为"腩肉苦瓜"；同样的苦瓜去瓤一分为十六，带肉骨头（肉越多越好）一斤焯水洗净，蒜头八个，姜片四片，加水一起煲，大火烧开十分钟后转中小火一个半小时，用盐和味精调味，这叫"苦瓜猪骨汤"。这两个菜，都用脂肪分解苦瓜中的生物碱，不会苦，甘香得很！

苦瓜的第一粉丝，当数清代画家石涛，他的别号之一为"苦瓜和尚"，盖因其不可一日无苦瓜，拜佛的时候连苦瓜一起拜。石涛是明宗室后裔，生于明代末年，十五岁时，父亲被杀，石涛被迫逃亡到广西全州，在湘山寺削发为僧。此后颠沛流离，辗转于广西、江西、安徽、江苏、浙江、陕西、河北等地，到晚年才定居扬州。他既有国破家亡之痛，又两次跪迎康熙皇帝，并与清王朝上层人物多有往来，内心充满矛盾，创作了大量精湛的作品。最为人推崇的，是他画中那种奇险兼秀润的独特风格，笔墨中包含的那种淡淡的苦涩味，一种和苦瓜极为近似的韵致。

苦瓜虽苦，与别的肉或菜同煮，只苦自己，不把苦味传给别人，因此得名"君子菜"。清初"广东百科全书"、番禺人屈大均在他的《广东新语》中说苦瓜："一名君子菜。其味甚苦，然杂他物煮之，他物弗苦，自苦而不以苦人，有君子之德焉。"

悲欢离合，酸甜苦辣，都是人生的一部分，整天把苦挂嘴边，叫苦连天，又能解决什么问题呢？这一点，我们可以向苦瓜学习！

美食科普时刻

吃苦瓜能减肥？

苦瓜中含有丰富的苦瓜甙和苦味素，被誉为"脂肪杀手"，能使身体摄取的脂肪和多糖减少，妥妥的减肥食品，不过前提是量要够多，每天吃两到三根苦瓜才行。

椒丝腐乳空心菜

广州的春天，正是空心菜的季节，此时的空心菜，头一茬，从茎到叶，鲜嫩得很，到菜市场逛了一下，买来一把，就做一道椒丝腐乳空心菜。

一、原料

1. 空心菜一斤，裁剪整齐后洗净控干水。炒菜时会有上汤和调料汁参与，如果空心菜带水，会变成水焯空心菜。

2. 辣椒去籽切丝，籽太辣，如果喜欢辣，就不用去籽。

3. 六个蒜头轻拍后去皮。

4. 腐乳两小块、料酒一汤匙、白糖半匙，捣碎并混合。

5. 骨头汤半碗，没有就用水。

6. 猪油一汤勺。

7. 味精一克。

二、做法

1. 章丘铁锅加热至冒烟后，放入一汤勺猪油，待猪油融化后放入蒜头炸至金黄色，再放入椒丝炒五秒。
2. 一手将半碗骨头汤或水倒进锅里。一手将空心菜倒进锅里，迅速翻炒，十秒后放入腐乳汁和味精，继续翻炒，空心菜变翠绿后熄火上碟。

三、广州的春天，是空心菜最好的季节

空心菜性喜温暖、湿润气候，耐炎热，不耐霜冻，20℃～35℃是它最喜欢的温度。广州的春天，气温在20℃～25℃，正是空心菜生长最适合的温度，因此鲜嫩。空心菜原是热带、亚热带蔬菜，尽管经过人工育种，物种进化，尽量去适应更低一点的温度，但最北也仅能在长江流域种植。此时的北方，还处于阴冷季节，空心菜种子在15℃左右才开始发芽，如果此时吃到空心菜，那一定是南方来的。空心菜的英文是water spinach，西方人居然认为它是水菠菜，说它的风味与菠菜类似。这个原产于东南亚的蔬菜，西方人对它的认识并不比我们深刻。其实，若要攀亲戚，它和番薯更接近，开的花都是喇叭花，是番薯属光萼组植物，所以空心菜老了会有番薯叶的味道。

多酚氧化酶

四、炒空心菜，为什么要用章丘铁锅？

翠绿的空心菜受热后很容易变成棕褐色，这多少会影响食欲。猛火炒菜，可以避免青菜变色，原因有二：一是青菜中有少量的多酚氧化酶，它们遇氧后氧化，后果就是令青菜变棕褐色。在常温下，这种化学反应并不严重，但在60℃左右时，多酚氧化酶特别活跃，温度继续升高，多酚氧化酶就会被灭活，猛火爆炒可以让青菜温度迅速超过60℃，避免氧化。二是叶绿素中有一种叫作卟啉的化合物，它的结构是几十个碳、氢和氮原子围绕着一个镁离子，当光照射到镁离

子时，只有绿色光反射出去，所以就是绿色。当叶绿素经过长时间加热，蔬菜中的部分细胞破裂，分离出氢离子，氢离子赶走了镁离子，光照射到氢离子身上，就是令你没有胃口的棕褐色或黄色。猛火快速地炒，都是为了避免烹煮过度，减少氢离子对镁离子的干扰：氢离子还没有集结，战斗已经结束，氢离子想使坏也来不及了。

经过12道工序、7道冷锻、5道热锻，大大小小十几种铁锤工具锤打、1000℃以上高温冶炼、3万多锤锻打而成的章丘手工铁锅，铁密度变大，物理学知识告诉我们，在同一温度下，密度高的材料包含更多的热量，因此可以更快地把食物煮熟。章丘铁锅厚薄一致，具备良好的导热性能，锅体锅底受热均匀。用章丘铁锅炒菜，不仅可以猛火快速地炒熟食物，而且可以产生"镬气"。镬气，是指在高温爆炒食材时，运用猛烈的火力，将锅中的食材快速翻炒，食材的温度瞬间飙高，水分蒸发，和锅体接触后引发出的焦香。镬气的产生是一种化学反应，由油脂、酱汁、食物的水分经过铁锅高温而蒸发出气体，在半圆弧的环境中，经过气压形成气流，食物在炒制时吸收附带出来。锅的厚度越厚，热力越大，深弧度越大，产生的气流则越大越快，镬气就越香。章丘铁锅，完美地具备这些优点，虽然贵了些，但一只可用一辈子，这样算起来，不贵。

五、为什么炒菜加上汤或水会熟得更快？

这涉及物理学里的一个概念——比热容，指单位质量的某种物质升高到某一温度所吸收的能量。水的比热容比铁高，相同温度相同质量的水是铁的10倍，往烧热的铁锅里加水，铁的温度传递给水，水包含更多的热量，所以让青菜更快熟。

六、为什么要拍蒜和加腐乳？

空心菜的味道比较清淡，大蒜的蒜香给空心菜增香。大蒜的香味来自蒜氨酸，拍蒜就是破坏蒜氨酸与蒜氨酸酶之间的分子结构，让它们发生化学反应，产生大蒜素。大蒜素太多，吃了嘴巴有臭味，拍蒜的大蒜素比整蒜多，比蒜末少，既香又不臭。

腐乳富含植物蛋白质，经过发酵，蛋白质分解为各种氨基酸，这是鲜味的来源。腐乳制作过程中已经加了盐，除了鲜味，还有咸味，这样的组合，鲜、咸、香，够了。

蒜氨酸
SUAN AN SUAN

广府人的青菜之王——菜心

　　寒冷时节，正是增城迟菜心上市之时。增城迟菜心，皮脆肉嫩、茎肥叶厚，炒脆煮软，清甜无渣，菜味极浓，深受广府人欢迎。

　　对老广来说，一日三餐，不可无青菜，有人考证，说广东人肥胖率全国倒数第五，与喜欢吃青菜有关。

　　广东人对青菜，严格得很！青瓜、豆角、西红柿，一片叶子都没有的，不合格！韭黄、紫甘蓝、大白菜，叶子不是绿色的，不行！芹菜、香菜或小葱，吃起来味道太冲的，不算！

　　老广所说的青菜，不仅仅是蔬菜，而且是绿色的叶菜，而当中的代表作，也称青菜之王的，非菜心莫属：从叶到茎寸寸带绿，而且叶子挺拔葱郁，非常符合青菜的审美标准；生长在亚热带的广东人，向来吃得清淡，菜心的味道一点都不冲，吃起来清新微甜，有作为青菜该有的安分感。

　　因为广受欢迎，也就被广为种植，优良品种当然不会少，清远的连州菜心、广州白云区的萧岗菜心都很有名气，但都不如增城迟菜心出名。增城迟菜心，冬天种植和收成，经过90～120天才能收割，因立冬左右才

种，深冬才上市，比一般菜心要迟，所以称为迟菜心。

一般的菜心一棵不过50克重，而迟菜心每棵可重达2500克，长得又高又壮，所以又叫高脚菜心。它最大的特点是菜质鲜嫩，香脆甜爽，风味独特。正宗的增城迟菜心是指增城小楼镇的菜心，增城派潭镇、正果镇出的次之，其他地方的则徒有其表了。

老广为什么会特别喜欢菜心呢？除了菜心宜人的风味之外，广东的气候适合菜心生长也是一个重要原因。菜心生长发育的适温为15℃～25℃。不同生长期对温度的要求不同，种子发芽和幼苗生长适温为25℃～30℃；叶片生长期需要的温度稍低，适温为15℃～20℃，15℃以下生长缓慢，30℃以上生长较困难。菜薹形成期适温为15℃～20℃，在昼温为20℃、夜温为15℃时，菜薹发育良好，20～30天可形成质量好、产量高的菜薹，这个温度正是广东的秋末至春天，这个时候的菜心特别甜；在20℃～25℃时，菜薹发育较快，只需10～15天便可收获，但菜薹细小，质量不佳，在25℃以上发育的菜薹质量更差。

可以说，除了炎热的夏季之外，其他三季都适合菜心生长，菜心成为老广的青菜之王，顺理成章。一年三季可种菜心，但是还有一季吃不到好菜心，这对热爱菜心的老广来说是不可接受的，怎么办？到适合菜心生长的地方去找！不就是气温不要超过25℃嘛！贺兰山下的宁夏就是适合的地方，这里昼夜温差大，夏季气温大多不超25℃，还有黄河水灌溉，夏季的菜心就是它了！

相反，菜心在北方就不受待见，这是因为：冬春季的北方，气温不适合菜心生长，物流不太发达的时候，靠外地运来菜心，还要广受欢迎，不太现实；北方的夏季倒是菜心栽培适合期，可是北方人喜食果菜类蔬菜，此时正值果菜上市期，黄瓜、番茄、茄子等蔬菜把菜心挤出了市场；秋季大白菜的产量高、栽培容易，大白菜早已称王，岂是菜心可以比拟的？

不过这也好，大白菜在北方称王，菜心在广东称霸，各自安好。对青菜，并没有要求全国统一一盘棋，甚好！

菜心为十字花科芸薹属芸薹种白菜亚种中以花薹为产品的变种，和它同一属的表亲是湖南的白菜苔和湖北的红菜苔。

白菜苔是小白菜在春季时节从菜心里抽出的苔，味道不输迟菜心，尤以湖南出产的白菜苔为优。陈晓卿老师在他的《至味在人间》中这样描述白菜苔："湘人豪放，选择清炒的已不多见，起码要用红椒炝炒，而白菜苔炒腊肉则堪称湘人最爱，这道菜上来，菜苔绿得轻盈，腊肉粉得敦厚，三湘大地的年节气氛那一刻应声而至。"白菜苔，确实是湘菜的座上宾。

红菜苔，又名"芸菜苔""紫菜苔"。色紫红、花金黄，是武汉地区的特产。据史籍记载，红菜苔在唐代是著名的蔬菜，历来是湖北地方向皇帝进贡的土特产，曾被封为"金殿玉菜"，与武昌鱼齐名。

武汉人对红菜苔的讲究，一点都不比广州人对迟菜心的苛求逊色，说红菜苔以城东洪山宝通寺之卓刀泉九岭十八凹一带出产的品质最佳，亦有传曰：以宝通钟声所及处产者为佳。历史上曾有一种奇异的说法：以宝通塔影所及处产者最佳。也有人以色评，曰：深者为佳，淡者次之。

民国初年，黎元洪离开湖北，到北京当大总统时，每临冬天，必派专差到洪山运红菜苔。由于长途大批运输，新鲜菜运到北京后，时间一久，菜苔失去原有的色泽和鲜味，较之产地新鲜嫩菜苔当然逊色不少，常使食者感到美中不足。于是有人出谋把洪山的泥土装上几火车皮运往北京试种，结果，菜苔虽长出来了，但色不红、味不鲜。

试种失败，更感到洪山菜苔之可贵，以后不得不沿用老办法，用火车成批运转菜苔到北京。其实，这个办法也欠妥，蔬菜收割后，仍以细胞的形式存活，失去营养源的细胞会消耗蔬菜的营养和水分，菜因此变老，纤维变粗甚至木质化，一火车红菜苔，吃到后面肯定满口是菜渣。我们现在比黎元洪幸福多了，物流发达，我们可以在市场上买到新鲜的红菜苔，虽然不是洪山宝通寺附近的，但也不错。

菜心属于低热量蔬菜，是妥妥的减肥食物；富含人体所需矿物质，说它营养丰富也沾得上边；每百克菜心含2克不溶性膳食纤维，是肠道的清道夫。

我喜欢用猪油渣拍蒜爆炒，猪油的浓香与菜心的清甜互为衬托，也互相补充，相得益彰！用刀拍蒜，而不是剁成蒜泥，而且下油锅前才拍，大蒜里的蒜氨酸酶刚刚开始分解蒜氨酸就被高温阻断，大蒜素有一点点，此时蒜香味刚刚合适，吃完嘴巴还不臭，谈笑风生总好过"臭味相投"。爆炒可以让菜心保持翠绿，其中原因见上篇《椒丝腐乳空心菜》，这里就不再啰嗦了。

怎么样，你确定不来把菜心？

美食科普时刻

如何吃完蒜不口臭？

　　在下油锅前才用刀拍蒜（不剁成蒜泥），这时候大蒜里的蒜氨酸酶刚开始分解蒜氨酸就被高温阻断，如此能有效减少大蒜素，而蒜香味正好，吃完嘴巴也不臭。

潮汕青菜之王——芥蓝

如果说广府人最喜欢的青菜是菜心，那么潮汕人最喜欢的青菜就是芥蓝。潮汕谚语说"好鱼马胶鲳，好菜芥蓝薳，好戏苏六娘"，芥蓝薳，就是芥蓝菜薹；马胶鱼与鲳鱼，是潮汕近海的优质鱼；潮剧《苏六娘》，情节曲折，里面的《杨子良讨亲》《桃花过渡》等折子戏，在潮汕地区几乎家喻户晓，是公认的好戏，将芥蓝与它们并列，可见芥蓝的地位之高。

芥蓝，十字花科芸薹属一年生草本植物，芥蓝喜温和的气候，耐热性强。种子发芽和幼苗生长适温为25℃～30℃，20℃以下时生长缓慢，叶丛生长和菜薹形成适温为15℃～25℃，30℃以上又生长缓慢了，喜较大的昼夜温差。芥蓝喜湿润的土壤环境，以土壤最大持水量80%～90%为佳。芥蓝对土壤的适应性较广，以壤土和砂壤土为宜，土壤中须有氮、磷、钾。

符合以上条件的地方，种出的芥蓝品质都不错，当中的佼佼者，当数红脚芥蓝，产于揭西县棉湖镇。这个地方的土壤富含铁质，根茎部分呈紫红色，故名红脚芥蓝。棉湖人深谙种植芥蓝的技巧，在控水、施肥、收割时间上把握得恰到好处，所产芥蓝脆、软、嫩。

原属揭东县，现为揭阳空港区的炮台镇桃山乡，出产的"桃山芥蓝"也很有名，附近的土壤为砂壤土，最适合种植芥蓝，再加上三面环山，有清澈甘甜的优质山泉水从山上缓缓流下，天时地利人和占尽的桃山芥蓝是自然孕育出来的上品，在这里已经种植了三百多年。

芥蓝
JIE LAN

芥蓝有一种独特的苦味，成分是植物有机碱，即金鸡纳霜，略苦的口感可以迅速打开味蕾，还能抑制过度兴奋的体温中枢，起到消暑解热作用。金鸡纳霜就是奎宁，一种抗疟疾药，但若要让它起抗疟疾作用，芥蓝的那点含量当然远远不够。

芥蓝还含有大量膳食纤维，有防止便秘、降低胆

固醇、软化血管、预防心脏病等功效。芥蓝所含的维生素和矿物质也算丰富，说它是健康蔬菜，靠谱！

广东的栽培历史极其悠久。清初的浙江人，康熙进士、监察御史吴震方在其所著的《岭南杂记》中就有关于芥蓝的介绍："芥蓝……又名隔蓝。僧云六祖未出家时为猎户，不茹荤血，以此菜与野味同锅隔开，煮熟食之，故名。"意思是六祖在出家前是猎户，但不吃肉，在吃芥蓝的时候会把它和肉分开煮着吃。六祖生活的年代为公元7世纪的唐代，因此，这段话也有力地佐证了芥蓝在唐代不仅存在，且已经开始被栽培并作为日常蔬菜而食用；在此之前，尚未发现任何外国文献或记录对芥蓝有任何的描写。六祖从小在广东新兴生活，所以，芥蓝原产地属广东，没有问题！

芥蓝名字的发音变化也十分有趣，在《现代汉语词典》第5版中，芥蓝的注音是：gài lán，但是现实生活中却基本没人这么念，大家都只叫它草字头下边的"介"，久而久之"错"也即是"对"，后来连词典里都把它的念法改成了：jiè lán。"芥"字多了新的读音，甚至它原来的正确念法也渐渐被人遗忘。以讹传讹，错也变成对的，芥蓝是其中之一。

大吃货苏轼曾写了一首题为"撷菜"的七言绝句，咏的是芥蓝和萝卜：

秋来霜露满东园，
芦菔生儿芥有孙。
我与何曾同一饱，
不知何苦食鸡豚。

其中的"芥"就是芥蓝，"芦菔"为萝卜的古称，苏轼描绘了打霜后的萝卜、芥蓝一代代地成熟，又说何曾啊何曾，吃芥蓝萝卜就可以吃饱，你又何必吃鸡肉吃猪肉呢？何曾是西晋的开国元勋，因为扶助司马炎取代曹氏而得宠，奢侈无度，曾感叹日花万钱还无处下箸。拿何曾来说事，目的是说芥蓝萝卜好吃，何曾纯属"躺着中枪"。

有人考证，说苏东坡吃到的芥蓝，应该是惠州芥蓝，他任职过的地方如开封、杭州、湖州、密州等，那时还没大棚种菜技术，霜降后都不适合芥蓝生长。他在被贬惠州时作的《老饕赋》中还说"芥蓝如菌蕈，脆美牙颊响"，形容它如同菌菇般新鲜而带着自然本味，口感爽脆甜美，唇齿间咀嚼着，两颊都听得见响声。这个大吃货，可谓史上芥蓝第一粉丝。

芥蓝爽脆，以红脚芥蓝为最，所以爆炒最为合适。潮汕炒芥蓝，名为"硬炒"，油要多，以猪油为佳；火要旺，以锅冒烟为准。旧时用柴火时代，潮汕师傅炒芥蓝，要用满满两大勺油，一勺炒菜，一勺浇在柴火上，火上浇油，以求猛火，简单翻炒一下，放点鱼露，变色就可起锅了。这就是潮式清炒芥蓝的"三要诀"：厚膌（猪油）、猛火、香臊汤（鱼露）。

在所有食用油中，猪油的分子结构是最大的，停留在味蕾的时间也最长，所以更香。猛火是让芥蓝尽快越过容易破坏叶绿素的60℃环境，尽快炒熟，叶绿素中的镁离子不会被氢离子取代，因此芥蓝保持翠绿。鱼露不仅带来咸味，其中丰富的氨基酸，还带来鲜味。

广府菜做芥蓝，用的是"飞水"加蚝油的"软炒"，先将菜放入油盐水中焯熟，捞出滤水，排列盘中，再淋上蚝油上桌。这种做法中，用于焯水的油盐水要足够多，氢离子是破坏叶绿素的凶手，足够多的水，稀释了氢离子，也就减少了对叶绿素的杀伤力，所以可以让芥蓝保持翠绿。还有一个办法，在水中加入一点小苏打，碱中和了氢，也非常有效，只是千万不能放多，否则一口碱水味，影响了芥蓝的风味。

对了，芥蓝也有副作用的，理论上，金鸡纳霜会抑制性激素的分泌，但估计要相当的量才能影响兴致，应该没人会一餐吃好几斤芥蓝的吧。不过，对于很在意"壮阳"的人来说，这个信息很重要。

不一样的鱼香茄子

跃餐厅有道菜取名叫"鱼香茄子"，跃餐厅的年轻师傅们又和我们玩文字游戏：不是粤菜的咸鱼香，也不是川菜的鱼香，而是用鮟鱇鱼的鱼肝拌茄子，由各种颜色的茄子刨丝再卷，构成彩虹般的茄子，鱼肝浓郁的香味与茄子搭配，奶油般的浓郁，味道和视觉，都很妖艳。

鮟鱇是深海鱼类，外形非常丑陋：身体呈短圆锥形，头巨大而扁平，嘴扁而阔，边缘长有一排尖端向内的利齿，双眼长在头背上，体柔软，没有鳞。这只丑鱼很有趣，有趣之一：它头顶上长着一个"灯笼"，生物学上把这个小灯笼称为拟饵。小灯笼是由鮟鱇鱼的第一背鳍逐渐向上延伸形成的，前段好像钓竿一样，末端膨大形成"诱饵"。小灯笼内部具有腺细胞，能够分泌光素，光素在光素酶的催化下，与氧作用进行缓慢的化学氧化，因此能够发光。深海中有很多鱼都有趋光性，于是小灯笼就成了鮟鱇鱼引诱食物的有力武器。当贪吃的小鱼被引诱过来时，狡猾的鮟鱇便把大嘴一张，那些小鱼就随着水流一起被吞进鮟鱇鱼肚里。它的大嘴和可膨胀的胃，能够吞入与

它同样大的鱼。

　　有趣之二：大部分种类的鮟鱇鱼雄鱼与雌鱼终身相附至死。鮟鱇鱼的卵一经孵化，幼小的雄鱼就马上找对象，随后立刻成亲，或附着在雌鱼头部的鳃盖下面，或附着在腹部或身体侧面。过一段时间，幼小雄鱼的唇和身体内侧就与雌鱼的皮肤逐渐连在一起，最后完全愈合。这样，雄鱼除了精巢组织继续长大以外，其他的器官一律停止发育，最后完全退化。从此，雄鱼就依附在雌鱼体上，过着寄生生活，靠雌鱼身上的血液来维持生命，并通过静脉血液循环进行交配，这是吃软饭的典型。

　　有趣之三：鮟鱇鱼的鱼肝特别大，而且特别肥美。由于行动迟缓且食量惊人，雌性鮟鱇鱼养出了一个肥大的鱼肝，重量和体积约占整个身体的四分之一。肥鹅肝还要强行喂养，鮟鱇鱼不需强喂，自己胃口吓人，还不动，所以弄个脂肪肝出来。取鱼肝时只能把整条鱼挂起来剖膛破肚，否则容易损伤鱼肝。鱼肝的丰腴不逊色于法国鹅肝，日本人对其尤其痴狂，这个"鱼香"，够香！

茄子，很容易入味，这得益于它的分子与分子之间有大量的气孔。但气孔过多，遇热又容易塌陷缩小，跃餐厅的师傅们加了一片瓜，很好地把骨架撑起来，又丰富了口感和滋味，烹饪时还用牙签加固，上碟时再抽走，这相当于建房子时搭棚架。茄子有各种颜色，紫色、青色、白色、青紫色……这主要由茄皮中所含色素茄色甙、紫苏甙、花青素、叶绿素、类胡萝卜素等的比例不同所决定。茄色甙、紫苏甙和其他色素又会在不同的温度和环境下使颜色产生变化，这就具备了网红食物的特质：颜色诱人，变化万千，构图美观！

茄子易入味，不要说用鮟鱇鱼肝这么肥美的食材与之搭配，就是简单地用蒜蓉蒸，或者烫熟用酱料凉拌，也十分美味。茄子可在亚热带地区生长，温度低于10℃就停止新陈代谢。泰国是它的原产地，现在的大棚技术可以让茄子的种植范围扩大，茄子更有条件成为百家菜。大吃货袁枚在《随园食单》里提到茄子的两种做法："吴小谷广文家，将整茄子削皮，滚水泡去苦汁，猪油炙之。炙时须待泡水干后，用甜酱水干煨，甚佳。卢八太爷家，切茄作小块，不去皮，入油灼微黄，加秋油炮炒，亦佳。是二法者，俱学之而未尽其妙，惟蒸烂划开，用麻油、米醋拌，则夏间亦颇可食。或煨干作脯，置盘中。"

不管是吴家还是卢家，茄子做法都是焖烧茄子，重油重酱。不同的是吴家是整条茄子去皮，用滚水烫过，用甜面酱调味。而卢家则是带皮切小块，用酱油调味。看似简单，袁枚家也学不来，"学之而未尽其妙"，干脆来个醋拌茄子算了。

茄子要不要去皮，这主要看茄子是老是嫩，太老的茄子，茄皮木质化，影响口感。袁枚说的"滚水泡去苦汁"，这个"苦汁"是茄碱，有微毒，味苦，这是茄子为了保护自己免受细菌和动物侵害，茄碱遇热分解，吴家在开水里泡，卢家油炸，都可以分解茄碱。茄子切开后很快变成褐色，那是多酚氧化酶在作怪，茄子里的多酚氧化酶，遇到氧气后和茄子里的酚类物质发生化学反应，变成褐色。防止的办法，可以把切开的茄子尽快泡在水里，接触不了氧气，自然不会变黑；或者在水里加几滴白醋，又或者上锅蒸，多酚氧化酶遇酸和超过60℃都会失去活性。

公认做茄子最奢侈的是《红楼梦》里的茄鲞，怎么做？"才下来的茄子把皮签了，只要净肉，切成碎钉子，用鸡油炸了，再用鸡脯子肉并香菌、新笋、蘑菇、五香腐干、各色干果子，俱切成丁子，用鸡汤煨干，将香油一收，外加糟油一拌，盛在瓷罐子里封严，要吃时拿出来，用炒的鸡瓜一拌就是。"刘姥姥说这要十只鸡才做得了，复杂得很。跃餐厅的这道鱼香茄子，做法之复杂，与贾府的茄鲞有得一比，而颜值则完美胜出。注意到茄子的颜值的，还有北宋的黄庭坚，他在《谢杨履道送银茄四首》中写道：

藜藿盘中生精神，
珍蔬长蒂色胜银。
朝来盐醯饱滋味，
已觉瓜瓠漫轮囷。

藜藿，指粗劣的饭菜，说的是茄子"生精神，色胜银"，在粗劣的菜蔬中脱颖而出。跃餐厅把粗劣的茄子做得如此高贵，收个高价，好像也合理。

美食科普时刻

茄子切开就变色？

茄子切开后不久就变成褐色，是因为茄子里的多酚氧化酶遇到氧气后和茄子里的酚类物质发生化学反应，这时候只要让多酚氧化酶无法和氧气接触，或者让其失去活性，就能阻止茄子变色啦。

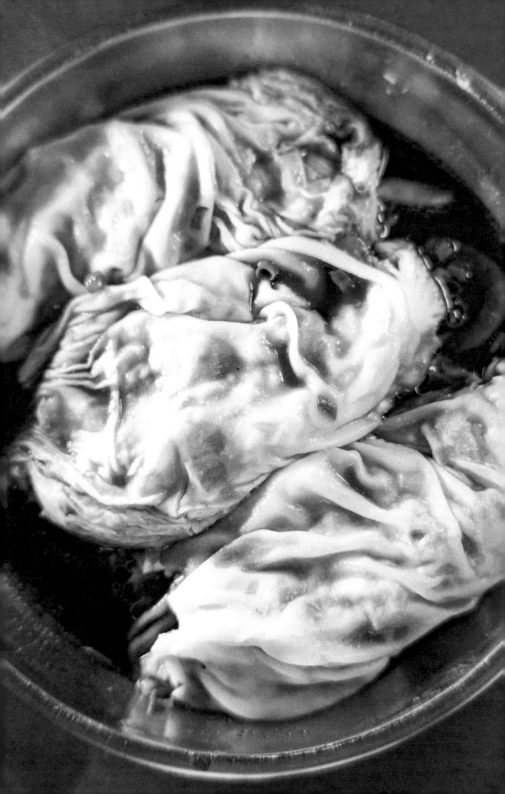

一碟美味的肠粉

老广的早餐，不论是耗时的堂食早茶，还是人们匆忙带走的简单早餐，都时常可以见到肠粉的身影。这个貌似普通的东西，却充满了争议。

一、肠粉，你是何方神圣？

将磨好的米浆浇在白布或者薄铁板上，隔水蒸熟成粉皮，再在粉皮上放上馅料，卷成猪肠形，置于盘上，淋上调好的酱汁，这就是肠粉。别看这个东西简单，里面门道却深得很，仅就它的发明专利归属，就颇有争议。

有一种说法，肠粉始于唐代，发明专利权属六祖惠能。说今天的罗定，当时叫泷州，有一年天灾，百姓饥饿，为了解决百姓饥饿问题，惠能与他的师父惠积和尚创造了油味糍。

由于这种油味糍太薄了，不能像之前的可以分成一块块，所以只能全部铲作一堆然后再分切成一段段或不分，为区别于油味糍，就叫它油味糍片。惠积亲自参

与油味糍片的改进研究工作，之后安排宝亮、惠能等弟子为泷州百姓传授新油味糍做法，这种油味糍片很快就在泷州大地传播开。惠能很懂感恩，在传播过程中帮起了个新的名称，叫作惠积糍。由于惠积糍源自龙龛道场，当地也有人称之为龙龛糍。而这个龙龛糍后来被人叫作肠粉，龙龛道场也就成为罗定肠粉的发源地。

肠粉
CHANG FEN

　　这个说法纯属瞎编！六祖惠能的生平虽然众说纷繁，但与罗定没有关系是板上钉钉的。惠能出生地在罗定的旁边新兴，当时叫新洲，他出家在广州的光孝寺，成名在韶关的南华寺，圆寂于新兴的国恩寺，就是没有罗定什么事。

　　即便是得五祖弘忍衣钵隐遁那五年，也只是在四会与怀集之间。有一种可能，也许这时他到过罗定，但别忘了，他是隐遁，还没出家，怎么就成为惠积的弟子了？再说了，天灾人饿，能有碗粥吃就不错了，还弄什么肠粉？这个瞎编，太没技术含量了，差评！

　　另一个说法，将肠粉的知识产权给予了乾隆皇帝。说乾隆皇帝游江南那会儿，受了吃货大臣纪晓岚的诱惑，专门转到罗定州吃龙龛糍。当吃到这种"够爽、够嫩、够滑"的龙龛糍时，乾隆赞不绝口，并乘兴说：这糍并不算是糍吧，反而有点像猪肠子，不如就叫肠粉吧。这个也纯属胡说八道，乾隆一辈子就没来过广东，更别说去罗定了。这个瞎编，估计是看电视剧看多了，编的也不够完美，没有捣乱的和绅，差评！

肠粉这种表现形式，倒是与粤东客家地区的特色风味小吃捆粄有些相似。捆粄，用大米做成米浆，然后用铁炊具通过蒸汽蒸成一张类似河粉的米膜，做法跟炊肠粉一样。客家人祖上是从中原南迁而来，有人推论因客家地方不种小麦，无面粉可制春卷，客家人用大米磨粉制皮代替春卷，就是现代肠粉的前身，有一定的道理。

与客家捆粄比，离广府人更近的是沙河粉和猪肠粉。将米浆蒸熟，重叠起来后切条，这种表现形式就是沙河粉；将米浆蒸熟，卷铺盖似的紧紧卷成一团后切粒，这种表现形式就是猪肠粉。

肠粉一开始是猪肠粉的简称，后来有人往里加了馅料再卷起来，这是传统猪肠粉的升级版。"苟富贵，必相忘"，为了划清界限，肠粉就专指卷有馅料的，连不放馅料且随便蓬松卷起的粉皮都归入此类，名曰"斋肠"，而猪肠粉就专指传统切粒紧紧卷起的粉皮，这个队友如果还是队友的话，只能是猪队友，所以"猪"字必须保留，以示区别。

据岭南饮食文化研究专家周松芳博士提供的资料，最早出现沙河粉的文字记载，是1928年《统计汇刊》第三期，其中有"广州市米制河粉汤粉工人工资指数表"，记录了1912至1927年广州河粉汤粉工人的工资水平。最早出现猪肠粉的文字记载，是1911年《抵抗画报》第三期，其中有《华侨的爱国热情（上）》，报道了一名卖猪肠粉的华侨吴标君捐款的先进事迹。这可以说明，肠粉的队友河粉、猪肠粉是在清末民初出现的，而肠粉的登场还要稍待几年。

2007年出版的《中华名吃·广东菜》中认为，肠

粉是在抗日战争时期由广州西关泮塘荷仙馆创制。而1998年出版的《香港特色小吃》则认为，肠粉实际上是20世纪30年代的流动小贩制作出来的一种街边小吃，后来才逐渐出现在餐馆里，并搭配了各种馅料。民国时期，正是粤菜点心创新的高光时刻，这个时候受客家的捆粄启发，从创造的河粉、猪肠粉上升级，改造成今天的肠粉，逻辑上是成立的，史料上也是支持的。

情况就是这么个情况，肠粉不可能出自六祖惠能，也不可能由乾隆命名，连产于罗定都可以否定。从渊源看，它更可能来自客家的捆粄、广府的沙河粉和猪肠粉，民国时期在广州西关改良而成。清朝时的广州城，分属番禺县和南海县管辖，而西关，属于南海县，到了民国时期，就归属于广州了，所以，所谓肠粉的发源地——罗定、南海，纷纷靠边去！

二、肠粉，你该用布拉，还是进抽屉？

从米浆变成粉皮，必须经过蒸制。肠粉的蒸制，一开始是用扁平竹篮，所以就有窝篮拉肠。将米浆倒在竹篾编织成的扁平篮子上，撒上馅料，再放到蒸笼里蒸熟，这种方法费时费力又占地，现在已经很少有人这么做肠粉了。

取代窝篮拉肠的是布拉肠。把磨好的米浆均匀浇至编织细密的布上，盖上盖子，利用蒸汽将米浆蒸熟。布是制作布拉肠的关键，一般要用"的确良"布，因为它的布质光滑，能够减少粉皮表面的褶皱。但是，的确良布表面的流动性一般，非常容易使粉皮薄厚不均，所以，倒完米浆后要用手均匀地将米浆朝各个方向推，以保证厚薄均匀，这非常考验肠粉师傅的手艺。

随着需求的增加，传统的布拉肠出品还是太慢，于是有人改良了多层蒸屉，也就有了抽屉式拉肠。将米浆倒入铁盘，铺上馅料，再推进蒸笼里蒸制。因为铁盘表面的流动性比较好，所以抽屉式拉肠的出品更加透薄。

不管以哪种方式制作，蒸肠粉的炉火一定要猛，这样口感才会爽滑。总有人争论布拉肠和抽屉式拉肠孰优孰劣。其实，决定肠粉口感的，更重要的还是米浆、师傅的手艺和蒸制时间。蒸制工具当然会对口感有影响，但并没有很多人描述的那样夸张。当然，布拉肠对肠粉师傅手艺的要求更高，必须很用心，用心的美食，不好吃才怪，这或许是很多人认为布拉肠更好吃的原因。

三、肠粉，是广式的好，还是潮汕的好？

肠粉产自广州，随着早茶文化的推广，20世纪末它也出现在潮汕地区。因为海鲜丰富而且民风朴实，潮汕人用自己强大的改良能力，把简单的一条斋肠，丰富成饱满浓郁的本地肠粉，这种改良，主要体现在馅料和酱汁上。

潮汕肠粉，虽然也是以猪肉和牛肉为两种基本款，但添加的内容，可以把那些"基本"忽略不计：猪肉肠粉以鸡蛋瘦肉打底，一般主要配料还会加入蚝仔和青菜，有的店还会根据自己的习惯加入豆芽和其他辅料。牛肉肠粉一般不加入鸡蛋，但是会加入沙茶与鲜虾。有的潮汕肠粉店里，还流行在牛肉肠粉里加入番茄或者青椒，牛肉则是使用最有香味的黄牛肉，想想潮汕著名的牛肉火锅，那种香，你懂的！是的，这么多馅料放在一起，面对着它，我总觉得是在吃火锅。

广州肠粉的酱油比起中国大多数地区的酱油，已经很优秀了，但是潮汕肠粉所用的酱油根本就不是酱油，而是用像做卤水一样的做法做出来的特制酱汁。潮汕肠粉的酱汁由桂皮、八角、丁香、蒜头、酱油、油与其他辅料熬制而成。想想潮汕另一道赫赫有名的菜式——卤水鹅，你再回忆下，就会发现这里面有太多的门道。当然，它们之间还是有区别的，潮汕肠粉的酱料没有卤水那么咸浓，但是又有一点卤水的香味，配合炸好的菜脯（萝卜干），然后一起淋在肠粉上面，这是什么感觉？

潮汕肠粉经过二十几年的改良，成为潮汕地区具有代表性的小吃。在各个档主疯狂而随意的发挥下，在爱吃也会吃的潮汕人民鼓舞下，广东地图上插遍潮汕肠粉的小红旗，潮汕肠粉在广东的地位直线上升，竟形成了与广式肠粉互相割据、互相叫板的局面，如果想挑拨广府人与潮汕人的关系，那就让他们聊聊肠粉。

四、肠粉，好吃的标准是什么？

肠粉，由三部分组成：粉皮、馅料和酱汁。我觉得，一碟好吃的肠粉，应该是粉皮爽滑又有些许韧性，米香浓郁；馅料嫩滑鲜香兼备；酱汁咸甜适中，味中有物又不喧宾夺主。按此标准，对各个地方、各家门店的肠粉进行评判，也就轻而易举了。

与面粉不一样，大米的蛋白质含量低，谷蛋白少，疏基中的二硫键就少，所以不能如面团般形成一个巨大的网络。但是，大米中的淀粉，虽然各自为政，但一经加热，淀粉分子就溶解到水中并充分伸展，互相纠缠，形成一个网络，这就是粉皮。

大米中的淀粉，分为直链淀粉和支链淀粉。直链淀粉是葡萄糖分子一个连一个，形成一根长链，支链淀粉是葡萄糖分子连接时形成很多分支。所以，支链淀粉多的大米做的粉皮，更容易互相纠缠，形成网络，这就是韧；而直链淀粉多的大米做的粉皮，就不容易互相"勾结"，这就是爽。又爽又滑本来就是一对矛盾，怎么办？粳米和籼米混合就可以做到，因为籼米直链淀粉含量高，粳米支链淀粉含量高！至于比例和配方，是各个肠粉店的独门绝技，也决定了肠粉里粉皮的口感。

至于米香，主要是由大米的脂肪含量所决定。这方面，米的品种和米的新鲜度起决定性作用。用东北新米固然米香十足，但同时也黏性十足，蒸出来的粉皮软绵绵的，不滑不爽。解决这一对矛盾，也要靠新米、旧米的混合，这又是各个店的秘密。

蒸肠粉之前要先磨米浆，磨米浆前要将大米泡三至八个小时，时间的长短，根据大米的构成比例和气温来决定。这是个费时费力的活，于是有人就用粘米粉代替米浆，再加入澄面、栗粉和生粉，这样出品的肠粉，其实口感也很好，不过还是缺少一些米香气。磨米浆也有很多门道，速度慢出不了活，速度快米浆受热熟化，又不是全熟，这种半生熟的米浆会影响肠粉的口感。

潮汕肠粉因为馅料足，所以粉皮必须够厚才包得住，否则容易露馅。过厚的粉皮不通透，影响形象，也难以做到既滑又爽，在粉皮这一方面，广式肠粉胜出！

肠粉的第二个要素是馅料。从馅料的丰富性来说，潮汕肠粉完胜。但是，馅料也不是越多越好，否则来碟肉炒菜好了，广式肠粉胜在粉皮与馅料高度统一，比较适中，米香、肉香互不抢戏，尤其是把肉打成肉滑的那种肠粉，简直就是从嘴里略为咀嚼品味，就可一滋溜滑进喉咙里，那种舒爽，既美妙，又适合早餐赶时间的节奏。这个环节，潮汕肠粉和广式肠粉各有千秋，就看你自己的偏好了。

酱汁是肠粉的灵魂，既为肠粉调味，也有自己独立的表现舞台，过于寡淡，则承担不了重任，而过于浓烈，则喧宾夺主，没有酱汁应有的安分。这方面，广式肠粉的酱汁更为沉稳，而潮汕肠粉的酱汁则个性十足，难分胜负。作为一个长期生活在广州的潮汕人，我恨不得同时来两份肠粉——广式的，很符合我对肠粉的审美标准；潮汕式的，又可抚慰我的潮汕口味。

一碟美味的肠粉，背后都是辛勤的付出：从凌晨开始洗米、泡米，到清晨磨米浆，长时间的侍候，小心翼翼。蒸制肠粉的火候要十分精确，时间长了粉皮会太老，时间短了馅料又可能没熟，每一份肠粉背后，都是几年甚至几十年的经验积累。

这是一份充满十足诚意的美食，你确定不来一碟？

潮汕宝贝老菜脯

　　吃潮菜，一番胡吃海喝之后，宴席已近尾声，酒意也达临界点，这时上来一煲老菜脯粥，喝上一小碗，原本往脑门冲的酒意，居然给硬生生地压了下去。忍不住再喝一碗，不仅不觉涨肚子，连肚里的酒精也好像给化解掉似的。

　　把萝卜腌制晒干，就是萝卜干，潮汕人叫菜脯。和咸菜一样，菜脯也是潮汕人在困难年代的主菜。新鲜萝卜经过晾晒脱水，盐渍腌制，得以长久保存。而十年以上的菜脯，经过多年发酵，颜色由棕黄变成黑亮，有特殊的香味。淀粉分解酶活性十足，消食功效显著；鲜萝卜中所含甲硫醇经发酵分解为芳香物质，这是菜脯特殊香味的来源之一；萝卜中的木质素，压缩后在单位体积内含量相对增加，能提高人体内巨噬细胞功能，有益身体。

　　经过十年的发酵和转化，萝卜中的酚类物质被多酚氧化酶分解，既贡献了陈香，也产生了褐变反应，颜色也变成乌黑。同时，菜脯因脱水产生的清脆口感也因时间而转化，长时间的发酵使纤维断裂，变成了陈年的软绵。

不用担心腌制食品的亚硝酸盐问题，因为老菜脯中的糖化酶已经把亚硝酸盐完全分解。亚硝酸盐本身不是致癌物质，碰上氨基酸，转化成亚硝酸铵，才是致癌物质，所以菜脯可以放心吃。

不仅如此，老菜脯所含胆碱物质，还有益于减肥瘦身，它带有一种糖化酶，能溶解食材中的木薯淀粉等成分，从而推动身体对营养元素的消化，想减肥，这东西理论上也可以。

唯一美中不足的是老菜脯中的乳酸有点多，腌制食品吃起来都有点酸，不过没关系，酸解腻又开胃，放点肉末下去，鲜能让酸味变得柔和，这种酸香，又是另一番美味，也是老菜脯的迷人之处。

萝卜干、咸菜和鱼露，被称为"潮汕三宝"，萝

老菜脯
LAO CAI FU

卜干制作一般是在冬至前后进行，要经过"晒、腌、藏"三道工序。冬至前后，正是萝卜的收获季节，此时的萝卜，各种成分均达上限，将萝卜拔出洗净，放太阳下暴晒，充足的阳光，15℃左右的气温，是晒萝卜的绝佳天然环境。然后一层萝卜一层盐，每100斤萝卜用上6斤盐，装满后上盖，再压上大石块。一周后取出晾晒，搓去水分，再暴晒，直至挤不出水为止。

食物的水分只要降到35%就不会发霉变质，而经过日晒石压盐渍，萝卜干的水分已经降到10%，既不会变质，便于储存，也把萝卜的精华浓缩在里面。多酚氧化酶对萝卜里的酚类物质进行氧化，萝卜因此产生褐变，逐渐变为棕黄色后，再装到瓮里面，半年后就可以吃了。而要成为老菜脯，对不起，再等十年！

记得四十多年前，奶奶去世后，对爷爷奶奶遗产处理，由爸爸的舅舅主持，我们家分到的几个坛坛罐罐，里面就有一坛老菜脯。奶奶勤劳又节俭，每年都腌萝卜干，那些老菜脯是她的"存款"，腌制的萝卜干吃不完留了下来，年复一年，终成老菜脯。现在市场上的老菜脯，也不知道是腌制了多少年的，别看它黑乎乎的，貌似老菜脯，其实加点酱油进去，很快就可以做到，买老菜脯，渠道很重要。

好的老菜脯，一切开，会有一层菜脯油。萝卜也含植物脂肪，经过压榨、日晒，水分蒸发，脂肪留了下来，保存完好的话，植物脂肪浓缩成老菜脯油，那种香，沉稳而稀奇，就如家中有一智慧老奶奶，给你回忆尘封的故事，顺便启发你前进时的迷惑，这种感觉，只有酒喝多之后吃一碗老菜脯粥的人才懂。

《潮汕特产歌》说"普宁出名好豆酱，新亨出名老菜脯"，新亨老菜脯闻名东南亚，这要归功于一百多年前的倪世庭。清同治年间，他就用红头船运老菜脯到越南销售，开拓了新亨菜脯的出口南洋之路，带动了老菜脯在东南亚的贸易。

由于当地人对新亨菜脯的需求日益增加，倪世庭先生便经常返回新亨，采购产品，寻找合作伙伴，组建商号，扩大了新亨菜脯的出口规模。在他的提倡和带动下，倪厝先后又有倪两兴、倪两发、倪源合、倪茂发等20多家杂咸商号随之而起，加入新亨菜脯的出口行列。这些商号相继在新加坡、马来西亚、印度、泰国、柬埔寨等国家和地区开设分号，专营新亨菜脯，使新亨菜脯成为遍销东南亚国家和地区的名牌产品。

揭阳市揭东区新亨镇历来是潮汕有名的农业产区，土肥水洌，其出产的萝卜等蔬菜也以优质出名，新亨镇每年产出100万斤萝卜，基本上都用于腌制菜脯。新亨人在腌制菜脯的过程中非常精工，季节、气候、盐分、时间等都有许多讲究和技巧，即使在追求效益的今天，也仍然坚持采用传统的日晒、石压的加工方法，而不像有些地方改用腌泡的制法，如此虽然费工费力，但其成品具有不可比拟的质量和口味。正是由于精选精制，新亨菜脯成了远近闻名的名优特产。

潮汕人腌制菜脯，已有一千多年的历史。菜脯能成为潮汕特产，缘于冬至前后合适的温度和光照，北方也有萝卜，但此时的北方进入寒冬，气候条件并不适合晒萝卜。

腌菜脯离不开盐，潮汕地区临海洋，丰富的海盐也降低了制作菜脯的成本。要知道，古时的盐运到内地，价钱可就往高了去了，腌制萝卜干需要大量的盐，不划算。

好酒好蔡用老菜脯和法国鹅肝炒饭，一记味觉做老菜脯粥，都做得相当好。用封存十年以上的老菜脯入菜，其陈香既为菜品增香，与肥腻一点的肉搭配，还可以去腻。有人据此开发了老菜脯炖鸡、炖鸭、老菜脯煎排骨等，都很好吃。这是一个待开发，有无限发挥空间的食物！

我高中寄宿学校时，吃了几年萝卜干，但老菜脯，还真少吃。学长蔡东仕书记曾为潮汕妇女题词"潮汕姿娘，愈老愈雅"。老菜脯，犹如潮汕姿娘，愈老愈好！

姜是如何撞奶的

　　《风味人间2》收官之作《根茎春秋志》，说到姜做的美食，终于有了粤菜的一道名点：姜撞奶！

　　将牛奶和糖加热，冲入姜汁中，稍一放凉，神奇的效果出现了：两种液体变成了固体，牛奶凝固如凝脂般，雪白中带着微黄，甜香中带着微辣，温润而细滑。姜撞奶原产地是番禺沙湾镇，后来推广到珠三角各地，成为名小吃。

　　牛奶是脂肪在水中分散成小颗粒而形成的。水和油老死不相往来，牛奶中的蛋白质，有疏水端和亲水端，疏水端抓住油，亲水端抓住水，因此，这些脂肪小颗粒被蛋白质包裹，因而能够稳定存在，光照到小颗粒上发生散射，牛奶就呈现出乳白色。

　　牛奶中的蛋白质有两种类型，一种叫酪蛋白，一种叫乳清蛋白。生姜磨成汁后，释放出生姜蛋白酶，当牛奶加热后遇上姜汁，生姜蛋白酶水解了酪蛋白胶束外围的κ-酪蛋白，酪蛋白因此暴露无遗，生成的副κ-酪蛋白和暴露出来的α_{s1}-酪蛋白及β-酪蛋白与Ca^{2+}形成网状的凝胶体，使牛奶凝固。

　　生姜蛋白酶的活性在40℃～70℃最为活跃，把牛奶煮开后45度高高地冲进装有姜汁的碗中，这是给牛奶降温，如果先给牛奶降温，低低地倒进碗中，也行。至于45度角不45度角，这不要紧，与姜撞奶是否凝固无关，倒与表演优美与否有关。

一碗完美的姜撞奶，姜汁与牛奶比例是1∶20，这时生姜蛋白酶含量在10%～12%，刚好完成对酪蛋白的水解与重组，温度控制在60℃～70℃，这时生姜蛋白酶很活跃，温度高了，蛋白酶被杀死，牛奶无法凝固；温度低了，蛋白酶活力不够，牛奶凝固时间变长。做姜撞奶，不一定要用水牛奶，普通牛奶甚至奶粉也可以，水牛奶脂肪含量更高，做出的姜撞奶更香、更滑，仅此而已。

姜撞奶的历史已经无从考证，传说沙湾媳妇误放牛奶到姜汁中给婆婆治咳嗽，更缺乏史料依据。牛奶

富含蛋白质，可惜古时我们的牛是用来耕田的，食用牛奶，想都不敢想，不可能出现在沙湾普通人家。民国时期，广州开始有养奶牛，喝牛奶，这也是开放的结果，那时很多洋人来到了广州，他们有喝牛奶的需求，大家也开始知道牛奶的作用。广府人在甜食中放姜，这有传统，比如著名的姜醋鸡蛋，因此发明姜汁给牛奶调味，也是顺理成章的事，至于其中的科学道理，古人确实不好弄明白。这么个伟大的食物发明，却找不到主人，可惜了，可见知识产权的重要性！

古人不常用牛奶，但很偏爱生姜，传说苏东坡推崇养生秘方姜乳，有人据此联想到这就是姜撞奶，这确实想多了，姜乳虽然有个"乳"字，但与牛奶没有半毛钱关系，指的是姜汁浓缩物。《东坡杂记》载：

"予昔监郡钱塘，游净慈寺，众中有僧号聪药王，年八十余，面色红润，目光炯然。"问其健康长寿的奥秘，答道："服生姜四十年，故不老云。"

生姜历来被古代医学家视为药食同源的保健品，具有祛寒、祛湿、暖胃、加速血液循环等多种保健功能。从科学角度，生姜化学成分不外乎姜醇、姜烯、莰烯、水茴香烯、龙脑、枸橼醛、辣味成分姜辣素、油状辣味成分姜烯酮及结晶性辣味成分姜油酮，所以生姜有抗菌、抗癌，以及抗氧化、抗衰老作用，其特有的"姜辣素"能有效治疗因食寒凉食物而引起的腹胀、腹痛、腹泻、呕吐等症。

此外，生姜能增进食欲，促进消化液的分泌，生姜中的姜酚还有较强的利胆作用。至于"晚上不能吃姜""秋季不能吃姜"之说，纯属胡扯，毫无科学道理。

姜有鲜明香气和清淡的类似胡椒的辛辣，能和其他风味互补而不会相冲。姜的香气主要是硫化物，硫化物遇热会挥发，烹煮鱼时加点姜，鱼的腥味来自三甲胺，硫化物

姜辣素

JIANG LA SU

挥发时顺便抓住三甲胺一起走了，所以姜能去腥。姜有辣味，因为它含有姜辣素，不过辣得很有限，和胡椒差不多，仅为辣椒的百分之一，或几百分之一。老的姜姜辣素含量比嫩姜高，所以姜还是老的辣。

顺便说一句，广州有两家店的姜撞奶做得尤其有特色：德厨的姜撞奶糊，在牛奶中加了蛋黄，特别香；惠食佳的姜撞奶雪糕，低温下的姜撞奶，味道更是浓郁！

美食科普时刻

姜撞奶为何会成固体？

生姜磨成汁后会释放出生姜蛋白酶，牛奶加热后遇上姜汁，生姜蛋白酶水解了牛奶中的酪蛋白胶束外围的κ-酪蛋白，生成的副κ-酪蛋白和暴露出来的 $α_{s1}$-酪蛋白及β-酪蛋白与 Ca^{2+} 形成网状的凝胶体，使牛奶凝固。

食材新贵——皂角米

前晚到广州酒家沿江路店吃饭，赵总推出皂角米系列：皂角米月饼、雪梨皂角米炖汤、牛油果皂角米布丁。皂角米既软糯又Q弹的口感，很是特别。

皂角米俗称雪莲子、皂角仁、皂角精，是皂荚的果实，属高能量、高碳水化合物、低蛋白、低脂肪食物，含植物性膳食纤维。皂角米遇水加热膨胀，胶质半透明，香糯润口，皂角米分单荚和双荚，贵州毕节盛产双荚皂角，广州扶贫贵州毕节，广州酒家开发出系列皂角米菜，既讲美食又响应政策，比那些口是心非的报告来得实在，不错不错！

对广东人来说，皂荚陌生得很。其实我们对它应该很熟悉，中学语文书里有鲁迅先生的《从百草园到三味书屋》，"不必说碧绿的菜畦，光滑的石井栏，高大的皂荚树，紫红的桑椹……"这段是要求背诵的。"皂"，原意为黑色，"不分青红皂白"就是这个意思。皂荚树开花一串串，结了果自然成一串，又像豆子，又长又扁的豆子谓"荚"，皂荚树的果实皂荚，就是黑色荚果的意思。

古人发现皂角可以用来洗头、洗衣服，把皂荚的

壳煮水，会起泡沫，还可以用来当肥皂用。这是一项重大的发现：皂角和皂角米都含皂苷，皂苷分子一端亲水，一端疏水，衣服和头发上的污渍是疏水的，皂苷的疏水端抓住污渍，亲水端抓住水，污渍变成分散于水中的颗粒，搓揉、冲洗，是让皂苷抓住污渍和冲走污渍。这种洗涤原理同样适用于我们的身体，皂苷把我们身体的某些毒素、多余脂肪抓住，排出体外，所以说皂角米有养心通脉、清肝明目、健脾滋肾、祛痰开窍、疏肠利尿、润肤养颜等功效，理论上似乎也靠谱。

皂苷这种东西，以下食物皆有：茶叶、海参、人参。相比之下，皂角米便宜多了。皂苷这种活性成分，是科学家们重点关注的，尤其是它作为脂肪酶抑制剂，前景很鼓舞人：食物中的脂肪，在人体消化道

皂角米

ZAO JIAO MI

中被脂肪酶分解，吸收进入血液，合成甘油三酯，体检中说血脂高就是这么回事。如果皂苷这种脂肪酶抑制剂能阻断这个过程，我们吃下去的脂肪就不被吸收，从而排出体外，岂不妙哉？从小白鼠身上的试验已经验证有效，不过剂量不小，人体用这么大的剂量有没副作用，还有待研究。我们吃皂角米，好处肯定是有，效果嘛，有好过没！于美食而言，这就够了。

皂角米经过熬煮，变得十分黏稠，给我们提供绵长润滑的口感之余，自然也让我们把它与营养丰富联系起来，与桃胶一样，皂角米被宣传成富含胶原蛋白的美容食物。很遗憾，与桃胶一样，皂角米的黏稠，是可溶性纤维释放的结果，与胶原蛋白一点关系都没有！

膳食纤维包括不可溶性纤维和可溶性纤维，都由葡萄糖组成，人体缺乏分解膳食纤维的酶，所以这些纤维不被人体吸收，它们被排出体外时，也会顺便把积聚在体内的毒素带走。膳食纤维良好的吸水性，有助于食物残渣顺利通过消化系统。中医说皂角米有润燥通便、祛风消肿的功效，能治大便燥结、肠风下血、下痢里急后重、疝气、瘰疬、肿毒、疮癣等疾病，这就是膳食纤维在起作用。

此外，不被消化的可溶性纤维到达大肠后，被肠道细菌发酵，产生短链脂肪酸和维生素，调节肠道菌群，还带走一部分胆汁，从而减少体内的胆固醇，对人体健康很有帮助，但却与美容养颜关系不大。至于《本草崇原》说皂角米能治睾丸肿痛，就不知原理何在了。

皂苷可以抗菌，这也是研究的方向。古人早就发现了这个问题，欧阳修在《归田录》中记载"淮南人藏盐酒蟹，凡一器数十蟹，以皂荚半挺置其中，则可藏经岁不沙。""盐酒蟹"就是醉蟹，"皂荚"就是皂荚，说淮南人做醉蟹，一个器皿放几十只，把皂荚插在里面，放很久都不烂。这醉蟹估计放的盐也不少！

清初文坛领袖、刑部尚书王士禛在《香祖笔记》中说"宋王文宪家，以皂荚末置书中，以辟蠹。"王文宪，乃南宋书画家、藏书家。看来皂荚不仅可以防腐，还可杀虫！抗菌药物一般有副作用，在抗菌的同时也无差别地把一些细胞杀死，如果研发出皂角米有天然抗菌功效又没副作用，那更了不得！

荒唐的是，古人还把皂荚与成仙联系起来。宋代的小说《太平广记》里有一个故事，说唐朝有个女道士叫谢自然，14岁时突然不吃米饭，吃皂荚，上吐下泻，拉出很多虫子；吃柏树叶，不喝水，30岁左右白日升天，

被称为"东极真人"。

这本书还写一个故事，在《女仙传》中说："樊夫人者，刘纲妻也。纲仕为上虞令，有道术，能檄召鬼神，禁制变化之事，亦潜修密证，人莫能知，为理尚清净简易……暇日，常与夫人较其术用，俱坐堂上，纲作火烧客碓屋，从东起，夫人禁之即灭。庭中两株桃，夫妻各咒一株，使相斗击，良久，纲所咒者不如……将升天，县厅侧先有大皂荚树，纲升树数丈，方能飞举，夫人平坐，冉冉如云气之升，同升天而去。"说汉朝的一个县令刘纲，爬到皂荚树上升了十几米，才升天，他老婆道行更深，就这么坐着就可以升天了。又是皂荚树！当然，这纯属胡说八道，信它，你不是成仙，是走先！

皂角米低脂、低蛋白质、高纤维，吃下去见饱还不长肉，倒是一款不错的减肥产品。口感软糯又Q弹，与它一样有这么销魂的口感的另一种食物，就是鱼翅。但对皂角米的评价还是要实事求是，否则容易被忽悠。

寻味

XUN WEI

行走粤菜江湖，
寻访自然至味。
天地造化之瑰珍，
一方水土之馈赠。

锦卤云吞再现江湖

　　昨晚广州酒家盈通店，一道锦卤云吞，十分惊艳：酥脆的云吞皮，滑嫩的炒牛奶，蘸上酸甜辣的酱汁，香、鲜、酸、甜、辣，复杂的综合味道和口感，赢得满桌喝彩。

　　锦卤云吞是一道几近消失的传统粤菜，名字有点费解，其实就是酸甜辣炸云吞，之所以叫"锦卤"，是因为蘸的酱汁五颜六色，是为"锦"，旧时粤菜把复杂点的酱汁以"卤"一字概括，是为"锦卤"。这个菜，旧时多出现在婚宴，妥妥的大菜，美其名曰"锦绣良缘"，五颜六色象征红男绿女，喜结良缘。传统的锦卤云吞，除了云吞皮是固定的，其他都可随意搭配，仅云吞馅，就有猪肉馅、猪肉虾肉馅、猪肉墨鱼馅、猪肉香菇馅、百花馅……广州酒家做了创新，把牛奶炒成固体状，更加细滑，反正都是蛋白质，只要烹饪得当，鲜、香味也都是有的，各有各的精彩。酸甜辣汁则有辣椒、醋、喼汁、番茄酱、洋葱、糖等的随意组合，各家味道不同，缘于组合和配比不同，广州酒家用泰国酸橘子取其酸，泰椒取其辣，成就另一种风味。这道菜，陈晓卿老师在《风味人间》第一季介绍过，秘鲁的中餐厅有，想想也是，这个味道很符合外国人的口味偏好。这个飘到异国他乡的传统粤菜，却鲜有在今天的粤菜餐桌出现：物质丰富的今天，婚宴上这个菜，未免丢份。更重要的是，既费工夫又卖不出高价的菜，餐厅老板希望它滚得远远的，师傅们也乐得清闲！

做这道菜，经验和技巧非常重要。各种肉类入味需要时间，加上姜汁，那是生姜蛋白酶对蛋白质进行分解，破坏肉类坚韧的组织结构，因此嫩滑，它的作用相当于嫩肉粉。同理，用菠萝汁就是菠萝酶，用木

瓜汁就是木瓜酶，都可以用。油温要控制在中小火状态，云吞皮一变颜色就要翻转一下，油不再冒水泡就说明馅料熟了，因为肉在60℃就熟，65℃时把汁液挤出。高温油炸，使云吞皮脱水，因此变得酥脆，淀粉在高温下发生褐变反应，变成淡黄色，此时香味浓郁，正好赶紧出锅，让余温继续加热，使云吞从淡黄色变成金黄色。如果炸到金黄才出锅，余温会把云吞变成褐色甚至黑色，淀粉分解成糖分，糖分焦化，就是苦味！当然，做这个菜夏天和冬天温度把控应该略有不同，冬天可以炸得颜色稍微深一点。

锦卤汁不论如何变，都离不开酸、甜、辣。酸让唾液分泌，因此开胃；甜让大脑指挥人体分泌多巴胺，因此令人愉悦；辣让大脑指挥人体分泌内啡肽，因此令人兴奋甚至上瘾；五颜六色挑逗你的视觉，让人食指大动……广州酒家用泰国青橘子代替白醋，柠檬酸比醋酸更加柔和，这符合老祖宗"酸而不呛"的烹饪境界，用广州话说叫"和味"，当然，工夫更多，成本更高了。

云吞就是北方的"馄饨"，之所以叫"云吞"，是因为粤语中"馄饨"的发音类似于"云吞"，"馄饨"笔画太多难写之故。馄饨有肉有碳水化合物，既饱肚又美味。这个食物是谁发明的？总不能落在张三李四王二麻子头上，那就给西施吧。相传春秋战国时期，吴王夫差打败越国，生俘越王勾践，得到许多金银财宝，特别是得到了绝代美女西施后，更加得意忘形，终日沉湎于歌舞酒色之中，不问国事。这年冬至节到了，吴王照例接受百官朝拜，宫廷内外歌舞升平。不料饮宴之中，吃腻山珍海味的他竟心有不悦，搁箸不食。西施跑进御厨房，和面又擀皮，面皮在她手中翻了几个花样后，终于包出一种畚箕式的点心。放入滚水里一氽，点心便一只只浮上水面。她盛进碗里，加进鲜汤，撒上葱、蒜、胡椒粉，滴上香油，献给吴王。吴王一尝，鲜美至极，一口气吃了一大碗，连声问道："此为何种点心？"西施暗中好笑：这个无道昏君，成天浑浑噩噩，真是混沌不开。她便随口应道："馄饨。"从此，这种点心便以"馄饨"为名流入民间。吴越人家不但平日爱吃馄饨，而且为了纪念西施的智慧和创造，还把它定为冬至节的应景美食。这个故事说得有鼻子有眼，民间传说，一较真就没意思了，须知把小麦变成面粉，那还得等几百年后的东汉。

"包云吞"在广州还有另一个含义，广州人说感冒流鼻涕，用纸巾擦鼻水，捏成一团，为"包云吞"。好了，有点倒胃口了，不合适。大家去广州酒家，记得点这道菜，仅师傅们的工夫，就值回这个价钱！

云璟的新融合粤菜

　　郭元峰师傅在广州丽思卡尔顿酒店的丽轩掌勺时，就拿下了米其林一星，深圳鹏瑞莱佛士酒店把他挖到中餐厅云璟坐镇，给他一个放手创新的舞台。得闫涛老师召集，我早已垂涎三尺，幸得品尝郭师傅日见精进的厨艺。

　　前菜是白切鸡、叉烧、青鱼鱼饭、脱骨鹅掌、螺片、烧云南小刀乳鸭、灯影牛肉和淮山糕。这是一个可以满足广府人、潮汕人和四川人口味，丰盛如主菜的前菜。商务应酬，茅台酒唱主角，这么丰富的前菜，方可适应客户的需求；深圳商务客，以潮汕人、广府人为主，都要照顾到，这种安排，很是精准。我特别喜欢灯影牛肉和淮山糕两个前菜。

　　灯影牛肉是四川达州市的一种特色传统小吃，采用牛后腿腱子肉切片手工制作，色泽红亮、麻辣鲜脆、香脆可口、片薄化渣。其肉片之薄，薄到在灯光下可透出物象，如同皮影戏中的幕布，故称灯影牛肉。

　　包装的灯影牛肉，需要满足存放时间长而不变质的要求，更甜的味道和防腐剂不可避免。云璟现场制作的灯影牛肉，不需要存放，所以可以做出不太甜、符合现

代人口味习惯、脆到极致的灯影牛肉。

　　淮山糕，将铁棍淮山蒸熟碾碎，拌以奶油和墨鱼汁，再压制成正方块，如一幅水墨画，又如一块云石，上面放几颗鱼子酱调味，取名"鱼子酱云石山药"。墨鱼汁带来漂亮的颜色和造型，确实可以调动人的食欲；将淮山碾压成泥，分子连接方式的改变，带给我们更为细腻的口感；奶油的参与，所含的香味化合物双乙酰，与芋头里蛋黄般的香味极其相似，因此既有淮山的香味，又有芋头的香味，同时也带来更加润滑的口感；一小撮鱼子酱，既给淮山调味，也给淮山提价。

　　这个花心思和工夫的菜，如果换成上来一段淮山和一碟奶油、一碟鱼子酱，蘸着吃，材料一样，价值却完全是两回事！

　　丰盛的前菜过后，主角才陆续登场。打头阵的是淮杞螺头炖赤嘴鮸公肚。花胶中的极品赤嘴鮸公肚，是可以拿出来压阵的大菜，一般用鲍汁扣，这里居然用来炖汤！和它并肩作战的，是粤菜炖汤中常见的淮山枸杞螺头，上汤里的谷氨酸和螺头里的核苷酸，让鲜味提高二十倍，用大盅猛火炖，更多的食材，产生更多的鲜和香，更猛的火候，有利于萃取浓香的味道，之后才分到小盅里继续加热。这个汤，貌似清澈，却浓在喉咙里。这个菜，是高温猛火，攻城略地！

　　接着上来的是十年花雕海胆松叶蟹配鲟鱼子，原产于俄罗斯及日本周边海域的雪蟹，因日本松叶县而得名，也称北太平洋雪蟹，肉质鲜美、滑嫩，冬季繁殖季节期间，蟹黄与蟹膏更是鲜美无比，被日本人奉为龙肝凤髓。取蟹腿，在80℃的水温中浸熟，去壳取肉，这时的蟹肉，滑嫩多汁；取蟹黄蟹脑，慢火蒸，保证蟹黄蟹脑滑嫩；煮蟹壳，取汤汁，再与海胆、十年花雕低温煮，甲壳类动物的壳，不仅富含虾青素，也是风味物质的聚集区，这样的汤汁，不鲜才怪！最后把汤汁、蟹黄蟹脑、蟹肉组合在一起，一小撮鲟鱼子调味，滑、嫩、鲜。这个菜，是低温慢火，小心翼翼！

　　最近东海黄鱼很忙，频频出现在高

端餐桌，这得益于黄花鱼人工养殖技术的突破，依靠东海每个几千平方米的大网箱，黄花鱼已接近野生状态，嫩滑的口感、鲜甜的味道，与野生黄花鱼难分伯仲，唯一的缺陷是冰鲜还是削减了黄花鱼的鲜味。

郭师傅取潮汕酸菜配点山椒，酸既去腥，也可提鲜，对占客人一半的潮汕人，更是熟悉的味道，山椒的一点辣，带来少许的刺激与兴奋。

米汤蚌仔浸供港皇帝菜，茼蒿兼有蒿之清气、菊之甘香，被誉为"皇帝菜"，蚌仔负责提鲜，米汤负责锁住香味，这个搭配很是合理；来自云南的白松露焗饭，米香和肉香，再加上白松露的特有香味，轻松地让一碗饭很快消失。与法国、意大利比，云南的松露味道淡一点，但做焗饭还是可以的。

甜品很是惊艳，用三种石榴汁配燕窝。燕窝糖水是高端餐厅的标配，但如何在味道上突破，大家想了很多。瑰丽彪师傅用黄皮酱、至正潮菜用老红糖炖枣，都很出彩，这次郭师傅用云南石榴、广东石榴和番石榴：云南石榴取其色泽艳红，本地石榴取其香，番石榴又叫鸡屎果，也有特别风味。

这三种水果榨汁，其实门道深得很：都富含多种酚类，一旦切开，多酚氧化酶与空气结合，就让果汁变色；汁液含水量高，偏稀，必须进行浓缩，多酚氧化酶与铁锅发生化学反应，也会令果汁变色，这是很考师傅功底的，郭师傅做到了，厨房的秘密，就不剧透了。我尝出了盐的踪影，这是一种很有智慧的做法：水果含果糖，也必然含果酸，咸味盖住了果酸的酸味，就彰显了果糖的甜。咸和甜是味觉上的对比，一点点的咸，也衬托了甜。

经济腾飞的深圳，给深圳的美食提供了绝佳的经济条件，客人来自全国各地，如何坚持粤菜本味，又能满足大家胃口，把难调的众口安抚在一个餐桌上，这是挑战，也是突破口，郭元峰师傅尝试做新融合粤菜，我看这路子行！

深圳至正潮菜

深圳华侨城里的至正潮菜，经过蔡昊老师对菜式的调整，简直是乌鸡变凤凰，来了一个华丽转身。

同样是鱼饭，之前吃的是鹦鹉鱼配鱼子酱，这次吃到的是斗仓配普宁豆酱。鱼饭本来是极廉价的，原本是将不易在当地卖出的低价鱼煮熟后拿到外地售卖，因为熟鱼的细菌比生鱼更少，所以更容易保鲜。

现在高档餐厅做鱼饭，当然必须用高端点的鱼来做，否则怎么好意思向客人收高价？鹦鹉鱼比巴浪鱼、花仙鱼肉质更细腻，而斗仓鱼是潮汕海域最高档的，肉多脂多，游荡于近海与深海之间，要适应不同咸度的海水，需要更多的氨基酸才能平衡，这也给斗仓鱼带来了更鲜甜的味道。鱼饭选用什么鱼做，重点在于其新鲜度：鱼死后，蛋白酶对蛋白质进行分解，会发生轻度水解，表现出来就是鱼肉口感变得绵且霉；氧化三甲胺分解为三甲胺，鱼因此变腥。

我倒是建议，高档餐厅做鱼饭，尽量靠近原产地，并在当地煮熟。鱼饭在煮的时候只放盐，不加其他任何佐料，这给我们带来鱼本身的味道。选用普宁豆酱，半发酵的豆酱，因为有煮酱这个环节，高温杀

死了酵素，大豆发酵过程因此中止。酱香很淡、鲜味很浓，鲜味让鱼饭鲜上加鲜，酱香不足刚好彰显鱼味，这是潮汕人民千百年的智慧！用普宁豆酱取代鱼子酱，这是"拨乱反正"！

甜当归炖羊肉，甜得干净、香得纯粹，而且没有膻味。羊的膻味来自短链脂肪酸，这是羊吃草的结果。少量的短链脂肪酸是香，比如吃奶的婴儿身上的味道，但大量的短链脂肪酸就是令人不舒服的膻味。避免大量短链脂肪酸的方法，一是选用含短链脂肪酸少的羊，比如宁夏滩羊、海南羊；二是用香料去膻，有些香料遇热挥发，挥发的时候会带走短链脂肪酸，有的香料会掩盖膻味；三是想办法把短链脂肪酸萃取出来，这是厨房的秘密，再说怕蔡昊老师有意见了。

脆皮婆参
CUI PI PO SHEN

　　这个汤的鲜香，当然不仅仅是来自羊肉，上汤的参与，占了大半功劳；甜当归炖得软糯，既贡献了香味，又带来软糯的口感。潮汕师傅做羊，蔡昊大师首屈一指！

　　脆皮婆参是蔡昊大师的拿手好戏，做溏心鲍鱼他也一向很有信心，这次我是彻底服了：用沙茶酱调鲍汁，绝了！鲍汁是鲍鱼的精华，咸和鲜是它的本味，但往往有的偏咸，有的偏甜，这不仅与师傅们下手轻重有关，还与客人偏好有关，毕竟众口难调。沙茶酱的参与，不仅仅提供新奇的味道，它综合的香味，把咸、鲜、甜统一了起来，谁也别冒头，这是协调众口的好办法。治大国若烹小鲜，蔡昊大师的这个智慧，要是当领导估计也是称职的！旁边的一小撮芥蓝，更是对沙茶鲍汁的呼应。这是熟悉的潮汕味道，在高端餐饮食材高端化的时代，世界各地的食材都会为我所用，各种烹饪手法也会被广泛运用，但我们熟悉的味道不应不被照顾，所谓的"就好这口"，就是这么一回事。

黑蒜菜脯焗海鳗，海鳗做得糯、软、脆。这三种口感矛盾重重，但却奇怪地统一在一段鳗鱼里。皮糯，是胶原蛋白分解为明胶；肉的表层软，是加热对蛋白质结构的破坏，鳗鱼因此更有风味；肉的里层脆，是海鳗优秀的肌肉弹性和恰到好处的火候掌握的结果。

运动健将级的海鳗，有更结实的肌肉，这是海鳗肉

更脆爽的原因。黑蒜迷人的香味，来自蒜氨酸和蒜氨酸酶复杂的化学反应，菜脯则提供了潮汕人熟悉的味道。焗这种方式，是高温引起美拉德反应，将鳗鱼里大分子的蛋白质分解为小分子的氨基酸，因此带来鲜和香，用小砂锅焗并且按位上，在客人面前打开小锅盖，香味扑面而来，这股香味，也是可以收钱的！

鸡油浸海斑，选用的是生猛游水的瓜子斑，起肉，在富含鸡油的鸡汤里浸熟。鱼肉不需要到100℃就熟了，所以不需要"滚"，而是采用没冒泡的"浸"法。鱼的鲜味来自氨基酸，鱼肉的氨基酸主要是核苷酸，鸡油鸡汤的氨基酸主要是谷氨酸，我们的味觉感受器尝到谷氨酸时，就如豆子浸泡后发出了两片芽，呈开放式，谷氨酸因此进入，我们尝到了鲜味。这种开放式结构，谷氨酸容易进来，也容易跑掉，核苷酸的加入，让谷氨酸进来后味觉感受器就闭合，谷氨酸无路可逃，所以鲜味提高了二十倍。这道菜，鲜得很！嫩得很！

燕窝甜品是高端餐饮的标配，常与杏汁、姜汁、芋泥搭配。这次则尝到了红糖和大枣的组合，大枣有大枣的甜味，果酸在核和近核部位，去核炖煮，所以不酸；红糖是未经提纯和脱色的糖，虽然甜得不纯粹，但也别有风味，它的风味来自少量的氨基酸，这种风味是久早前我们记忆中糖的风味，以前少有白糖和冰糖。

在物资匮乏年代，红糖也不轻易吃到，各家各户仅有的那点红糖，也放了一年几个月，变成老红糖，经氧化的红糖，提供了不一样的风味，虽然没有好和差之分，但"不一样"和"久早味"，却也带来一种令人若有所思的兴奋，老蔡是让我们忆苦思甜啊！传说的红糖补血就别当真了，红糖虽然也含铁，但量少得可怜，要达到补血的功效，那就要付出得糖尿病的代价！

其他几个菜也很出彩：带烟熏味的卤水老鹅头，不知会不会勾起烟客的抽烟欲，我是忍不住又找人干了一杯威士忌；沙虫干和南澳鱿鱼干调度下的春菜，鲜、甘依次袭来，有种抵挡不住的受侵害感；和牛粒酸菜炒饭，让人彻底吃撑，难受得我在楼下溜达了一个小时……

羊的膻味 从哪里来 ？

　　羊的膻味来自短链脂肪酸，这是羊吃草的结果。少量的短链脂肪酸是香，比如吃奶婴儿身上的味道，而大量的短链脂肪酸便成了令人不舒服的膻味。香料可去膻，是因为有些香料遇热挥发的时候会带走短链脂肪酸。

焯跃

　　很会搞搞新意思的跃餐厅，继续搞，弄一个新的品牌：焯跃。应彪哥邀请来试菜，当了一回白老鼠。

　　前菜是华丽的五色冷盘，白色调的百合扇贝，突出甜味。百合的甜来自新鲜百合的糖分，扇贝的甜来自扇贝自溶反应后蛋白质分解为氨基酸的鲜，这种鲜在味觉上也表现为甜。

　　青色调来自木之牙甜豆挞，名字真难记，其实就是美国荷兰豆。荷兰豆这个神奇的东西，很会与当地结合，在中国还变种为圆形的豌豆，连荷兰人都认不得，引进回荷兰后称为"中国豆"。而到了美国，变种为甜豌豆，其中扁的一种，就是这家伙！曾经一位拍美食节目的制片人为此与我争论了一番，也难怪，换了马甲，很多人不认识。荷兰豆含皂苷，有微毒、微苦和臭青味，遇热分解。这个菜做成凉菜，还是一定要煮熟！

　　红色调来自西班牙绯红虾刺身，这种虾也叫西班牙红魔虾、魔鬼虾、贡虾等。野生资源分布于东大西洋的葡萄牙至佛得角群岛和整个地中海沿海，生存于水深200～1400米，主产地为西班牙Catalonia（加泰

罗尼亚）东北部港口帕拉莫斯，因此得名。这种虾有普通海虾10倍的浓郁虾香，尤其是虾脑部位，浓郁得令人窒息。全身的绯红色，来自其自带的虾青素，是非常好的天然抗氧化美容品！

黄色调来自海胆响铃，炸响铃是一道传统粤菜，用腐皮包着肉泥油炸而成，金黄色，因形似马的响铃而得名，炸响铃的香脆与海胆的香糯，形成复杂的口感。

黑色调来自鱼子酱，也是极鲜之物，当成调料与前面几个前菜搭配，带来咸鲜，也还不错。这个前菜，味道鲜、甜，食材来自世界各地，色彩斑斓适合拍照，这个噱头，他们调皮地称为"焯头"，盖因粤语"噱"和"焯"同音，外地人学说这话不容易，读不准就成了骂人的话！

正菜的第一道：烟焯鞑靼三文鱼。打开透明的鳞

冰焯象拔蚌

BING CHAO XIANG BA BANG

花玻璃器皿，烟雾缭绕，云烟过后方知是切成方粒的金枪鱼，上面点缀了白洋葱和水瓜榴，拌匀后食用，金枪鱼有淡淡的烟熏味。这个菜有点腻，鞑靼菜就是拌点洋葱的生肉之类，太过生猛，我一般不碰，不过，金枪鱼还真该生吃，好家伙，一上来就给了个下马威！

烟熏是给肉类保鲜的一种形式，食物的水分低于35%时，腐败过程就停止了，烟熏既让食物脱水，也让木头中的萜烯类芳香气味渗入肉中，从这个意义上讲，烟熏也是一种烹饪手法，这帮年轻人给它起名"烟焯"。

第二道菜：冰焯象拔蚌。一寸长、半寸宽的象拔蚌，轻轻划几刀，目的是入味，放入盛着冰粒和日本酱油的容器中搅拌，既入味又冷却。生象拔蚌的鲜来自氨基酸和氧化三甲胺，极鲜之物也带来些许腥味，那是一小部氧化三甲胺分解为三甲胺的结果，用冰为它降温，除了让它更脆，也让味蕾受冷麻木，降低腥味的骚扰。用冰冷却，这帮年轻人给它起名"冰焯"。

三道冷菜过后，感觉胃有意见了，终于迎来第三道主菜：汤焯响螺。用上汤灼响螺，淋上鸡油，配上虾酱，这是潮州菜的极品。焯跃搞搞新意思，用紫苏和螺头调成酱，明明是吃响螺，却想让你想起紫苏炒螺，再来个人扮"炒螺明"，来段咸水歌，会不会更好？

第四道主菜：水焯阿拉斯加蟹腿。取阿拉斯加蟹腿，用刀削去前端的蟹壳，露出雪白中带着绯红的蟹肉，放入滚烫的开水中，翻滚的开水瞬间偃旗息鼓，再浸泡片刻即起锅上桌，鲜嫩多汁，精彩绝伦！这是对螃蟹肉的充分理解和对温度的绝妙把控。螃蟹肉在60℃时，蛋白质凝固，肌肉纤维收缩，螃蟹的汁液被挤出，鲜味流失，肉质变柴。这是我吃过的最好吃的阿拉斯加蟹，可惜太浪费了，螃蟹腿的下一段还有肉，螃蟹身肉也不少，这个讲究，奢侈了，也浪费了。

第五道主菜：粥焯东星斑。一条两斤多的东星斑，取肉去骨，裁成鱼排，在翻滚的粥水中烫两三分钟，温度的把控也是极佳。把粥熬到找不出米粒，广府人称为"煲毋米粥"，绵滑的粥水，是支链淀粉的充分释放，刚好给鱼块裹上了一层淀粉，鱼肉的风味物质被包住，因此鲜甜嫩滑。广府人称没有结果为"毋米粥"，谈生意，就不要上这道菜啦！

第六道主菜是味焯法国鹅肝。裁切齐整的法国鹅肝，在潮州卤水中浸泡片刻，捞出配上潮汕酸菜，鹅肝的粉嫩和浓香，在卤水的调度下，变得温柔了许多；酸菜的参与，是让氢离子刺激味觉感受器，唾液因此分泌，把肥腻的味觉残留赶进肚子里。法国鹅肝以肥腻见长，相比潮汕的鹅肝，其分子更小，因此也更细腻。美中不足的是，量多了一些，必须下定决心才吃得完。

第七道主菜，油焯花胶。将发好的花胶裹上脆浆，再用油炸，是为"油焯"。脆浆用蒜蓉调味，吃起来仿佛有一股蒜蓉排骨味，好吧，高档的食材你们

总想披个普通菜的外衣，这也叫低调。花胶富含胶原蛋白，胶原蛋白遇热分解，变成明胶，因此软糯。但明胶遇到150℃以上的超高温，又会重新集结，变得又韧又硬，这个菜若火候处理不好，就如在啃花胶干。吃胶原蛋白并不一定会转化为人体所需的胶原蛋白，人体的胶原蛋白是如何形成的，目前科学还未能揭秘，但有一个环节必不可少：羟基化酶在维生素C的帮助下，将脯氨酸和赖氨酸转化成羟基脯氨酸和羟基赖氨酸，所以，建议上花胶时再上一小杯柠檬汁，既解腻，又有助于吸收转化。

第八道主菜，其实已经吃不动了，还是得说一下：汽焯东海黄花鱼。福建宁德成功养殖大黄花鱼，这是广大黄花鱼爱好者的福音。近似野生的环境，让养殖的黄花鱼也有接近野生的口感，每天在福建用冰覆盖，朝发晚至，保证了其新鲜度。焯跃用黑松露和鲍鱼菇做出鱼鳞状，当然还需盐和油参与，上笼蒸，是为"汽焯"。这是一种特别的味道，值得一试。

第九道主菜，还得继续说：火焯日本和牛。将日本和牛切好后穿串，加点香草，倒入着了火的酒液，火熄时牛肉也刚好三成熟，是为"火焯"。日本和牛的美味自不必说，三成熟的火候也恰到好处。问题是，实在吃不动了，一串三大颗牛肉粒，旁边的平哥用哀求的语气请大胃王黄文书帮忙消灭一粒，看到黄文书眼珠都快爆出来，我不忍心让他帮忙了，只吃一粒，剩下的两粒直接让服务员撤走，所谓己所不欲，勿施于人也！

这还没完，第十道主菜：软壳濑尿虾（虾姑）。把濑尿虾剥壳，用云吞皮裹上，放入上汤焯熟，这个算主食了，因为有云吞皮！

最后的甜品是单丛茶奶冻，单丛茶打成泡沫，这样不会破坏奶冻。这道甜品获得大家的一致好评：吃了这么多肉，有点茶味的东西入口，如同久旱逢甘霖，他乡遇故知啊！

对了，怎么不见有青菜？据说是听取了美食摄影师何文安的建议：一硬到底！从头到尾都是硬菜，违反自然规律，这个真是要命。做人要能屈能伸，可硬可软。吃饭不也是这个道理？

嘉厨潮品的猪肚

  国防大厦的嘉厨潮品，猪肚花胶汤做得极好：猪肚只取最厚的部位，炖至软硬适宜，既有嚼劲，又不费劲，浓郁的猪肚越嚼越香，让花胶彻底沦为配角。十分大胆地放入足量的胡椒粉，又辣又香，这种辣，是一种温暖的辣：据说猪肚暖胃，喝下几口胡椒猪肚汤，胃确实暖暖的，见效真快！

  猪肚的主要成分是蛋白质和脂肪，别以为脂肪就表现为肥油，猪肚的脂肪均匀地分布在肉质纤维中，一经炖煮，就和蛋白质结合，变成肉眼看不到的细小油滴，跑到汤中，使得汤变成奶白色的浓汤。

  猪肚的肌肉纤维，以结缔组织形式存在，蛋白质主要是胶原蛋白，层层叠叠的胶原蛋白和肌凝蛋白、肌动蛋白组成的结缔组织，让烹饪变得异常困难：外层的胶原蛋白分解为明胶，里层的胶原蛋白却不动声色，等到里层的胶原蛋白开始分解，外层的胶原蛋白却因温度过高而重新集结，变得更加坚韧，要让它再次变得软嫩，就要经过长时间的炖煮。

  而长时间的炖煮，又会让猪肚的风味物质跑到汤里，猪肚因此变得索然无味……厉害的师傅会拿捏好分寸，以一个半小时左右的中小火炖煮，筷子刚好可以插进最厚的部位，而且还要感受到来自猪肚的反作用力；时间的长短，还要看猪肚的大小、家养还是农场养——农场养的猪养殖时间短，猪肚不会太厚，因此要减少点时间。

炒猪肚或白灼猪肚对时间的拿捏，那是以秒计算，取最嫩的部分，分秒之间，却是天差地别，端上桌来，必须尽快下筷子，否则胶原蛋白遇冷又重新集结，那是一场与时间赛跑的游戏，即便是有名的大师傅，也常常失手。广州城中猪肚做得好的，还有腰记和德厨的鲍汁猪肚、一记的猪三宝、万绿山语客家菜的炒猪肚。

烹饪猪肚的这些科学原理，古人当然不懂，但也让他们摸索出个七七八八。大美食家袁枚在《随园食单》中就有"猪肚二法"：

> 将肚洗净，取极厚处，去上下皮，单用中心，切骰子块，滚油炮炒，加作料起锅，以极脆为佳。此北人法也。南人白水加酒，煨两枝香，以极烂为度，蘸清盐食之，亦可；或加鸡汤作料，煨烂熏切，亦佳。

猪肚
ZHU DU

爆炒猪肚，只取最厚部分，还去上下皮，只取中间部分，这一块结缔组织不多，所以最嫩；炖猪肚，用白水加酒，还炖到极烂，只蘸点盐吃，这个有点像我们今天的白切猪肚，味道估计一般，所以只能说"亦可"；用鸡汤煨，这个有点像今天的猪肚煲鸡，入味一些，所以"亦佳"。但炖得太烂，味道全跑汤里，这个怎么可能好吃？

虽然我们不可能吃到那时候的猪肚，但从这段描述就知道，现在的炖猪肚，比以前好吃。于饮食而言，今人肯定胜过古人！

猪肚难煮，猪肚更难洗。广州话有句歇后语：反转猪肚——即是屎，形容一个人变化无常。这是一个误解，猪肚装的是食物，还有消化食物的胃液，要变成屎，还需一个过程。

袁枚一句"将肚洗净"，却不说如何将肚洗净。洗猪肚有几种方法：一是搓洗法，用面粉或淀粉或盐搓洗猪肚，通过增加摩擦力去除猪肚的胃液和其他杂质；二是酸碱分解法，加点小苏打，碱可以中和胃酸；三是热水烫，用热水烫猪肚，胃液也会容易去除，尤其是黄色的那一层膜，没有热水烫还真难割掉。猪肚一定要两边都冲洗干净，胃液负责将猪吃下去的食物消化和消毒，同时还有胆汁参与帮忙，猪肚洗不干净，容易发苦，那是猪胆汁的残留，无法入口。

猪肚美味，因以形补形的传统观念，自然想到猪肚可以养胃，这个不可信，猪肚的主要成分是蛋白质、维生素和矿物质，这些东西与增强胃动力、平衡胃酸一点关系都没有，如何养胃？倒是猪肚毕竟要通过胃来消化，每次不能吃太多，避免增加胃的负担，况且，猪肚的胆固醇含量不低，确实应该控制摄入量。

说猪肚用于治疗虚劳羸瘦、劳瘵咳嗽、脾虚食少、消渴便数、泄泻、水肿脚气、妇人赤白带下、小儿疳积，这么多作用，有些倒是有道理，比如治虚弱，猪肚富含蛋白质，营养丰富，当然是治虚弱；治脾虚食少，美味的东西让人胃口大开，自然就不会"食少"，营养增加了，脾虚也就改善了。但凡赋予食物太多疗效，大多不太靠谱。我们吃到美味，就该满足，寄希望它们发挥诸多养身功效，"臣妾做不到"！

　　猪肚好不好吃我们暂且放一边，把猪肚与做文章联系起来，倒是有人折腾过一番。元代的史学家、文学家陶宗仪在《辍耕录》卷八载："乔梦符吉，博学多能，以乐府称。尝云：作乐府亦有法，曰凤头、猪肚、豹尾六字是也。"此处"乐府"无论杂剧、散曲都适用，乔吉字梦符，是元代杂剧家。此话的意思是：写文章起头要美丽，要擒控题旨，引人入胜；当中要饱满，要发挥题蕴，铺排恰当；语尾要响亮，要做到题外传神。清代刘熙载《艺概》据此说："始要含蓄有度，中要纵横尽变，终要优游不竭。"要求文章言之有物、丰富多彩，有如猪肚之厚实，这个说法，倒是很有意思，供学生们写作文参考。

　　猪肚确实好吃，而且还是大人物喜欢的！生活于清乾隆年间的李斗的《扬州画舫录》，说乾隆下江南，扬州盐商请乾隆吃饭，著名的满汉席中有两道猪肚菜，分别是"海带猪肚丝羹"和"猪肚假江瑶鸭舌羹"。李斗的这个说法，现在还有争议，主要争议是究竟有没有满汉全席，如果连满汉全席都没有，那他的这个菜单也就靠不住了。

　　不过，历史上倒是有位老大吃过猪肚，那就是南宋的第一个老大宋高宗。绍兴二十一年（1151年），抗金名将，南宋"中兴四将"之一，同时也是南宋"巨贪"，参与害死岳飞的帮凶张俊，设家宴宴请宋高宗，二百多道菜中，就有一道"猪肚假江瑶"，就是用切得很细的猪肚来模仿一丝丝撕下来的瑶柱丝。两者相比，其颜色韧劲都相差无几。此事可见于南宋文学史学大家周密的《武林旧事》。

张俊此人，复杂得很，既是抗金名将，也是追随秦桧的主和派，大家记得他有参与害死岳飞，所以让他跪在岳飞墓前。他也是个大贪官，张俊在世时，家里的银子堆积如山，为了防止被偷，张俊命人将那些银子铸成一千两（八十斤）一个的大银球，名叫"没奈何"，意思是小偷搬不走它们，全都拿它们没办法。富如张俊，宴请老大也用猪肚，所以，我们宴客上猪肚，也不丢份！

美食科普时刻

吃猪肚
要分秒必争？

炒猪肚或白灼猪肚，对时间的拿捏要以秒计算，即使取猪肚最嫩的部分，分秒之间，即是天差地别。吃猪肚也是，端上桌后必须尽快下筷子，否则胶原蛋白遇冷又重新集结，变得又韧又硬。

广州酒家的满汉全席

老字号广州酒家，粤菜底蕴无可挑剔，文昌路总店，还保留了满汉全席部分精选菜。

民间对满汉全席的传说丰富多彩，与皇上沾边，更是充满神秘感。据汪曾祺先生的儿子汪朗先生考证，其实清宫并无满汉全席。据他查《大清会典》和《光禄寺则例》，康熙以后，光禄寺承办的满席分六等：一等满席，每桌价银八两，一般用于帝、后死后的随筵。二等席，每桌价银七两二钱三分四厘，一般用于皇贵妃死后的随筵。三等席，每桌价银五两四钱四分，一般用于贵妃、妃和嫔死后的随筵。四等席，每桌价银四两四钱三分，主要用于元旦、万寿、冬至三大节贺筵宴，皇帝大婚、大军凯旋、公主或郡主成婚等各种筵宴及贵人死后的随筵等。五等席，每桌价银三两三钱三分，主要用于筵宴朝鲜进贡的正、副使臣，除夕赐下嫁外藩之公主及蒙古王公、台吉等的馔宴。六等席，每桌价银二两二钱六分，主要用于赐宴经筵讲书，衍圣公来朝，越南、琉球、暹罗、缅甸、苏禄、南掌等国来使。基本上是丧事大吃大喝，喜事小吃小喝，外交场合意思意思，与汉人的传统完全相

反。光禄寺承办的汉席，则分一、二、三等及上席、中席五类，主要用于临雍宴文武会试考官出闱宴，实录、会典等书开馆编纂日及告成日赐宴等。其中，主考和知、贡举等官用一等席，每桌内馔鹅、鱼、鸡、鸭、猪等二十三碗，果食八碗，蒸食三碗，蔬食四碗。同考官、监试御史、提调官等用二等席，每桌内馔鱼、鸡、鸭、猪等二十碗，果食蔬食等均与一等席同。内帘、外帘、收掌四所及礼部、光禄寺、鸿胪寺、太医院等各执事官均用三等席，每桌内馔鱼、鸡、猪等十五碗，果食蔬食等与一等席同。文进士的恩荣宴、武进士的会武宴，主席大臣、读卷执事各官用上席，上席又分高、矮桌。高桌设宝装一座，用面二斤八两，宝装花一攒，内馔九碗，果食五盘，蒸食七盘，蔬菜四碟。矮桌陈设猪肉、羊肉各一方，鱼一尾。文武进士和鸣赞官等用中席，每桌陈设宝装一座，用面二斤，绢花三朵，其他与上席高桌同。这等菜式，也就是鸡、鸭、鹅、鱼，普通得很，与民间传说的，差得远了。

乾隆宝饭 QIAN LONG BAO FAN

更重要的是，宫廷内满汉席是分开的。康熙年间，曾两次举办几千人参加的"千叟宴"，声势浩大，都是分满、汉两次入宴。先是满人用餐，用的是满菜，翻台后才是汉人入席，吃的是汉菜，先满后汉，没人敢有意见。试想一下，今人尚且南北口味偏好迥异，以当时满、汉两族文化的互不认同，口味偏好又怎能用一桌饭菜统一起来？

满汉全席其实并非源于宫廷，而是江南的官场菜。据李斗的《扬州画舫录》说：

上买卖街前后寺观，皆为大厨房，以备六司百官食次：

第一份

头号五簋碗十件——燕窝鸡丝汤、海参烩猪筋、鲜蛏萝卜丝羹、海带猪肚丝羹、鲍鱼烩珍珠菜、淡菜虾子汤、鱼翅螃蟹羹、蘑菇煨鸡、辘轳锤、鱼肚煨火腿、鲨鱼皮鸡汁羹、血粉汤、一品级汤饭碗。

第二份

二号五簋碗十件——鲫鱼舌烩熊掌、米糟猩唇、猪脑、假豹胎、蒸驼峰、梨片伴蒸果子狸、蒸鹿尾[1]、野鸡片汤、风猪片子、风羊片子、兔脯奶房签、一品级汤饭碗。

第三份

细白羹碗十件——猪肚、假江瑶、鸭舌

---

[1] 清代满汉全席中的名菜，现不可食用，请保护野生动物。

羹、鸡笋粥、猪脑羹、芙蓉蛋、鹅肫掌羹、糟蒸鲥鱼、假斑鱼肝、西施乳、文思豆腐羹、甲鱼肉片子汤、茧儿羹、一品级汤饭碗。

第四份

毛血盘二十件——獾炙、哈尔巴、猪子油炸猪羊肉、挂炉走油鸡、鹅、鸭、鸽臛、猪杂什、羊杂什、燎毛猪羊肉、白煮猪羊肉、白蒸小猪子、小羊子、鸡、鸭、鹅、白面饽饽卷子、什锦火烧、梅花包子。

第五份

洋碟二十件，热吃劝酒二十味，小菜碟二十件，枯果十彻桌，鲜果十彻桌。所谓满汉席也。

这份菜单，才像个样子，当时的扬州和江南一带，盐商、织造商富甲一方，官府也富得流油，妥妥的大清国经济中心，阔起来令我们瞠目结舌，不奇怪。

广州酒家在20世纪80年代研发出的满汉全席，倒是认真搜刮了一通文献记载，也在北京、江苏扬州学习探访，而后厨师们捣鼓了一通才弄出来的，至于当年皇上是不是就是吃这些，其实已经不重要了。即便当年真的有这些东西吃，也没我们今天的好吃。想想，几百上千号人的大聚餐，御膳房一下子如何做得出来？肯定是提前一天做好的！再加上三跪九拜，烦琐礼节，再好吃的饭菜也不好吃了。话说回来，当年能够到宫里吃的，那吃的不是饭菜，是皇恩。

但广州酒家这桌满汉全席的精选版，仪式之隆重、

摆盘之精致、服务之周到就不说了，单是味道，就值得说道说道：宴席共上了三道汤，穿插在整个过程，依次是参汤、鹿尾巴汤、一品天香。第一道参汤，用鸡汤煨出浓烈的参味，味蕾一下子打开，因塞车产生的疲惫也马上消除，胃也被温暖了一遍，仿佛是吹响了一顿美食战斗号角；宴席中前部分的鹿尾巴汤，给吃过几道热荤菜后的喉咙稍为滋润，肠胃也得以中和，顿时舒适许多。浓香的火腿味、汤中的鹿尾巴，也仿佛有些上层生活的意思；宴席中尾部分的一品天香，类似于佛跳墙、蹄筋、鸡爪等食材炖出的丰富胶原蛋白，给口腹带来满足感，浓香浓甜是一种霸道，浓而不腻则是一种内敛沉稳，此汤过后，已觉富足，摸摸肚子，还有空间乎？烤乳猪当数全城之冠，为一席宴而专门做一只烤乳猪，制作精心，火候把握恰到好处，香脆都达到极致；干鲍公肚也取上品，味道不在阿一之下，直叹不是广州鲍鱼差，只是没到广州酒家！蒸东星斑别有一番风味，东星斑起片，裹上火腿，蒸熟，考的是对火候的把握。这道菜绝对满分！至于甜品点心之类，广州酒家的出品早已冠绝全城，不再啰嗦了。

今天无需皇恩，只需移步广州酒家，已可体味中国菜之集大成。其实，活在当下，我们比皇上还幸福！

再说满汉全席

　　古代帝王的吃吃喝喝，总被认为是美食的象牙塔，民间的某项小吃，时常被杜撰成某落难皇帝吃过，或者微服私访时尝后赞不绝口，而高端餐饮某道菜，又常与"满汉全席"扯上关系。

　　据汪朗先生考证，清宫从来就没有什么满汉全席，因为皇上宴客时，满人和汉人分开接待，满人吃满席，汉人吃汉席，所以没有什么全席。传说中的满汉全席，是江南的官场菜，依据是李斗的《扬州画舫录》，里面就有一章专门写满汉全席，满汉各式风味菜，丰富奢侈得很，符合人们对"满汉全席"的期待。如此说来，北京的仿膳、川式的满汉全席、广州酒家的粤式满汉全席，都缺乏依据，而扬州的满汉全席，方为正宗。

　　《扬州画舫录》最早的刻本，是清乾隆六十年（1795年），袁枚为之作序，也仅早两年。所说的满汉全席，是乾隆南巡时官场联合盐商弄出来的欢迎宴席，皇帝走后，就成了官场菜。既然出自扬州，口味上想必也是扬州味道。其实，稍晚时候的嘉庆年间，广州也出现了满汉全席。做出广州满汉全席的，是当时的两广总督阮元的家厨。

　　据《清史稿》记载，阮元，字伯元，号芸台、雷塘庵主、揅经老人、怡性老人，江苏扬州仪征人，是清朝经学家、训诂学家、金石学家。阮元的仕途，颇为顺畅，大概可以分为几个阶段，第一阶段是皇帝身边的"学霸"。乾隆五十四年（1789年），二十六岁的阮元于会试中得第二十八名，殿试二甲第三名，赐进士出身。朝考钦取第九名，改翰林院庶吉士，充万寿盛典纂修官、国史馆武英殿纂修官。乾隆五十五年（1790年），散馆考试，阮元因成绩优异，授翰林院编修。乾隆五十六年（1791年）二月，朝廷大考翰詹，乾隆皇帝亲自出题，题目为"眼镜"，限押"他"韵。眼镜在当时并不普及，对一般人来说艰涩生僻，"他"字又是险韵，但阮元以一联"四目何须

碧海鱼皇
BI HAI YU HUANG

此，重瞳不用他"，让乾隆大为赞赏。彼时的乾隆，年逾八十，耳聪目明，不戴眼镜，阮元用"四目"和"重瞳"的典故恭维他，意思是说乾隆皇帝如尧舜般，察人观事，心如明镜，无须借助他人。被奉承得如此舒服的乾隆，亲擢阮元为一等第一名，升授詹事府少詹事。召对之时，乾隆高兴地说："不意朕八旬外复得一人！"命阮元于南书房行走。十月，升任詹事府詹事。十一月，乾隆诏令修复刻于辟雍的石经，命阮元随同领班军机大臣和珅等校勘。

阮元仕途的第二阶段，是其督学山东、浙江时。受乾隆恩宠的阮元，外放的第一个职务是山东学政，由当时的山东巡抚毕秋帆牵线作媒，孔府衍圣公的胞姐嫁给了阮元，随同孔小姐一起来的，还有四位身怀绝技的孔府厨师。当时的孔府家宴，仅次于皇家，一

桌孔府菜大筵席，菜品就有一百三十六样，阮元于是
在为官以及精于经学、训诂、金石之余，也很会吃。

　　阮元历任肥缺，不缺钱，于吃吃喝喝方面，还很
有心得。他在两广总督任内，以孔府菜为基础，发展
出一种席面，这种席面能兼顾满人和汉人的习惯和口
味偏好，被当时的人称为"满汉全席"。阮元实践了
"学而优则仕，仕而优则吃吃喝喝"，这样的人生，
真是令人羡慕！可惜阮元版的满汉全席，菜单和做法
没有流传下来。

　　阮元自弱冠一举成名，在长达六十多年的治学

和从政生涯中，著作极为丰富。阮元60岁时，龚自珍撰文对其大半生所取得的学术成就进行了比较全面的总结，盛赞阮元的训诂之学、校勘之学、目录之学、典章制度之学、史学、金石之学、术数之学、文章之学、性道之学、掌故之学等，称其"凡若此者，固已汇汉宋之全，拓天人之韬，泯华实之辨，总才学之归"。评价非常之高，至于吃吃喝喝之事，只字未提。也是，"君子远庖厨"，说一个人擅长吃喝，在古代，是骂人呢。

但是，即便学术造诣如阮元般高深，也有阴沟翻船的时候。据绍兴人葛虚存于民国初年，从众多清人笔记小说、方志、文集、书牍、奏折、诗话中采集编纂而成的《清代名人轶事·风趣类》载，阮元任浙江巡抚时，有一位门生前往北京参加会试，在通州的旅社中买了一个烧饼充饥。门生见烧饼背面斑驳成文，于是用纸将其拓印下来，极似钟鼎铭文，他与阮元开了个玩笑，将此寄给阮元，伪称是在北通古董肆中见到的一尊古鼎，因为没有足够的资金购买，自己也不知道是哪朝的器物，便特地将铭文拓出，寄给师长和诸人共同考证，以证真伪。阮元得信后，即刻召集幕中众名士商议，众人互相臆测，意见不同，最后阮元断定这是宋代《宣和图谱》著录的一尊鼎，于是在其后写上跋文，陈述某字与图谱所载相符；某字历年日久，已经剥蚀；某字因拓手不精，所以模糊不清。总之，他认为此"鼎"实非赝品。门生见到回信后，大笑不止。

不如研究吃吃喝喝！

粤菜翘楚玉堂春暖

　　白天鹅这餐饭，想了好久未敢落笔，毕竟，在我心目中这是个神圣的地方，上次去白天鹅吃饭，还是每个月赚几百元工资的时候，吃的还是自助餐，至于中餐玉堂春暖，那是想也不敢想的。潮菜泰斗钟成泉先生和北京美食家曹涤非兄来广州，闫涛老师组局，我终于有机会去蹭饭，行政总厨梁建宇师傅亲自作陪，这顿饭，吃得明白、舒坦。

　　白天鹅成立之初，接待中外宾客，承担着制作代表广州的美食的重任。从广州各酒家抽调来的大师们，让玉堂春暖一下子高手林立，传统的粤菜风格在这里得以传承。玉堂春暖每季厨师创作评比后，都会把得奖作品作为当季出品推出，这又让玉堂春暖保持着创新。虽然白天鹅与霍英东先生合作期满，已经由国企接手管理，但以事业留人的企业文化，还是保证了队伍的稳定，典型的有烧腊师傅一家三代在此工作，行政总厨梁师傅从入行到现在，由白天鹅培养出来，既具继续传统粤菜的基因，也不乏创新的精神，我想这是玉堂春暖受欢迎的背后原因吧，希望这种企业文化能够保持下去。

给我留下深刻印象的是他们对食材的深度理解和追求，以及让色香味在客人面前呈现、与客人互动的表现手法：伊比利亚黑毛猪叉烧，把腌制后的猪肉挂在特制的叉子上，放入炉内烧烤，故名叉烧。好的叉烧应该肉质软嫩多汁、色泽鲜明、香味四溢。当中又以肥肉、瘦肉均衡为上佳，称为"半肥瘦"。做好叉烧，酱汁各家各有绝招，几十年的同行或明或暗的交流，这个秘密也不再是秘密。现烧现吃是时间在美食上的表现，白天鹅这道菜随叫随烧，师傅还在你面前完成最后两道工序：用海盐和玫瑰露酒点火烧制，再浇上蜜汁。难得的是对猪肉本身的追求。现在的叉烧乏味，源于猪肉乏味。猪肉的风味由猪吃的饲料、喂养时间决定，而工业化的养猪法彻底改变了这两个因素，因此猪肉味乏善可陈。白天鹅选用位于西班牙中西部的林间牧地畜养的伊比利亚猪，该地区为典型

叉烧 CHA SHAO

的地中海自然环境，有广阔的牧场及以青橡树和西班牙栓皮栎为主的林木。在广阔的牧场里散养的猪，主要食物来源是这些林木的果实，喂养时间也在一年以上，风味十足，尤其是伊比利亚猪具备其他猪没有的特殊风味，科学家从中分解出了支链烷类，这种烷类橡树果实有，这是伊比利亚猪好吃的另一个秘密。美中不足的是冻肉虽然经过排酸，但冰冻后形成的冰凌对猪肉里的蛋白质形成物理性破坏，解冻后造成了部分蛋白质的流失，影响了部分风味。刚刚出炉、带着温度的叉烧，风味十足，入口即化，确实是广州第一叉烧！我们品美食，不仅仅是味觉、触觉和嗅觉在工作，视觉、听觉也参与了，在客人面前表演，就是视觉和听觉的参与，这让人觉得更加美味。

其他的几道菜美味，有的得益于食材选用的考究：白切鸡选用吃葵花籽的葵花鸡，萨其马选用风味十足的鸡蛋，都体现了白天鹅对食材的一片良苦用

心；有的得益于不惜工本对传统粤菜的坚持，冬瓜盅要用上几个小时烹煮，还卖不出好价钱，砂锅鳜鱼块，镬气十足，香味四溢，鳜鱼也是便宜货，先入味，再用砂锅焗，费工费时也同样收不到好价钱，这是普通菜在高端餐厅消失的原因，但玉堂春暖不管这些，这真是难得；有的得益于不断的创新，香茅乳鸽是玉堂春暖内部厨师季度作品评比胜出的菜品，用香茅汁入味，香茅独有的柠檬味和薰衣草味，给乳鸽增加了迷人的香味。这种香味来自萜烯类、醛类、酯类和醇类，中国柠檬香茅的主要成分是月桂烯、橙花醛和香叶醛，而越南香茅的主要成分是香叶醛、香叶醇、橙花醛和乙酸香叶酯，如果用的是越南香茅，加点白酒进去，会把香叶醇诱发出来，香味更浓。优质的食材、精湛的技艺、与顾客零距离的互动、温馨体贴的服务、亲民的价格，这是玉堂春暖深受欢迎的原因，玉堂春暖是粤菜的翘楚，只拿米其林一星，委屈它了。

霍英东先生当年选址荔湾白鹅潭，广州话"潭"，很容易让人想到"深潭无底"，那是坑人的意思。霍英东先生将酒店命名为白天鹅宾馆，既好记，又是老地标，名字也高贵。"玉堂春"是一个词牌，晏殊的《玉堂春·帝城春暖》可以多少看出玉堂春暖的意思：

帝城春暖，御柳暗遮空苑。海燕双双，拂扬帘栊。女伴相携、共绕林间路，折得樱桃插髻红。昨夜临明微雨，新英遍旧丛。宝马香车、欲傍西池看，触处杨花满袖风。

柳暗苑空，海燕双双，女伴相携，香车宝马……这是出门在外住店的理想情景啊，再有美食相伴，这样的人生，才叫快乐！

广州人熟悉的味道——惠食佳

对广州人来说，各种上美食榜单的餐厅，多少有些争议，"这个也能上？""我们吃不起！"是广州人对美食榜的不认可，但有一个餐厅是例外，无论是外地游客还是广州本地人都基本认可，那就是惠食佳。在那里，贵价的鲍鱼、龙虾等生猛海鲜齐备，平民的烧鹅、乳鸽、鳊鱼不缺，丰俭由人，而让广州人喜欢的，是它那熟悉的味道，在各菜系走融合路线的今天，惠食佳就是地地道道的老广的味道。

大家通常说的粤菜，指狭义的粤菜，就是广府菜，范围包括珠江三角洲和韶关、湛江等地，并不包括潮州菜和客家菜。粤菜的特点是什么？随着物流的发达、人流的交集、食材的多元化和味觉的兼容，粤菜的特点也越发模糊。不要紧，我们走进惠食佳，伴着惠食佳的一席春宴，就可以整理出粤菜清晰的脉络。

首先，食材的选择，粤菜注重季节性。春季，正是珠江流域鳊鱼最肥美的时候，它们积蓄着脂肪，正为接下来的繁殖季做好准备。鳊鱼亦称长身鳊、鳊花、油鳊，在不同地方，物种进化有些许不同，比如著名的武昌鱼，属鳊鱼中的团头鲂，而在珠三角，它就被叫作

"边鱼"，粤语"扁""边"发音相似之故。这是鳊鱼家族中的广东鲂，俗名又称西江边、花边、大眼边，为珠江水系特有的鱼类。徐霞客在《徐霞客游记·粤西游日记四》中就有："边鱼南宁颇大而肥，他处绝无之。"南宁属珠江水系，"他处绝无之"则不准确了。我们不能用今天的知识来要求徐霞客。肥美的鳊鱼，惠食佳简单地用油盐蒸，鱼卵洒在鱼身上，清、鲜、嫩、滑，表现得淋漓尽致。

清淡是粤菜的基调，新鲜的食材，无须浓油赤酱去掩盖。但粤菜也不是一味地追求清淡，而是根据季节的变化，人们口味受季节的影响而做调整，基本上是"夏秋清淡、冬春浓郁"。这道蒜子炆生蚝，就属于浓鲜。生蚝多水多汁，炆的做法恰恰是让食物的水分流失，加热让蚝的表面部分蛋白质收缩，部分水分被挤压出来；经油炸过的大蒜，香味来自蒜氨酸，和酱汁的氨基酸酱香味就会进到蚝里面，而热量传递到蚝内部需要更多的时间，这时蚝内部的蛋白质刚刚凝固，部分汁水得以保留，这就是浓鲜。这个分寸的拿捏，靠的是经验，只能心传。京葱煨参，参难入味是烹制海参的难题，一般做法只能用酱汁入味，但只能味入其表。惠食佳先用高汤煨参，让高汤的味道深入海参，再用猪油炒过的京葱煨参，经过两种味道的深度亲密接触，味道怎会不好？

粤菜从一开始就不故步自封，敢于取京、苏、淮、杭等外省菜以及西菜之所长，融为一体，自成一家。用料广博，选料珍奇，配料精巧，善于在模仿中创新。这道豆花酱啫龙虾，龙虾来自澳大利亚，豆花酱来

自四川，配上粤菜的做法"啫"，真正的五湖四海！蟹粉豆腐，蟹粉来自大闸蟹，这是苏浙菜的食材。一只大闸蟹才有多少蟹粉？又怎么可能几十元一位？一些商家开发出红萝卜加土豆做出来的蟹粉，几乎可以假乱真，惠食佳用的是真材实料！

将本地食材以各种奇妙的组合做出与众不同的味道，这是粤菜的特别之处。香煎生炒糯米饭，把一道主菜做成下酒菜，让接近尾声的酒局又掀起一轮高潮。鱼子炒饭，香飘四溢，加上广式腊肠，那是一份满满的富足！最意想不到的是甜品——姜撞奶雪糕配啫啫木瓜！姜撞奶做成雪糕已足够有想象力，木瓜居然用"啫"！

一冷一热，一甜一咸，那种奇妙，分明是对春天的最佳诠释：越过寒冷冬日对夏天的呼唤。

粤菜很喜欢用木瓜入菜，这个木瓜，指的是番木瓜，英文叫papaya，从这个发音看，就知道是中美洲的产物。番木瓜原产于墨西哥南部以及邻近的美洲中部地区，明代中期传入中国，主要分布在广东、海南、广西、云南、福建、台湾等省区。《诗经》中有一首《木瓜》："投我以木瓜，报之以琼琚。匪报也，永以为好也！"这首诗的意思不难懂，朱熹在《诗集传》中写道："言人有赠我以微物，我当报之以重宝，而犹未足以为报也，但欲其长以为好而不忘耳。疑亦男女相赠答之词。"这是一首情诗，诗中的木瓜属蔷薇科，一般春末开花，果实成熟后如拳头大小，椭圆光滑，很像青黄色的鹅蛋。人们通常将它用

来制药：将木瓜放进沸水里，烫到外皮灰白，然后取出，对半剖开，晒干，便成了舒筋活络、和胃化湿、滋脾益肺的良药，著名的木瓜酒就是用这种木瓜片泡制的。

我们现在所说的番木瓜，富含蛋白质、维生素C、胡萝卜素和蛋白酶等，是不错的水果。广府人将木瓜入菜，什么木瓜煲鲫鱼汤、木瓜炖燕窝，并坚信它具有丰胸和催乳效果，这是因为木瓜的形状和白色的树汁，让人们充满想象力，有人还用"科学原理"说得头头是道，说木瓜所含有的木瓜酶能刺激女性荷尔蒙的分泌，从而有助于丰胸。可真相是，当我们将木瓜加热时，木瓜酶早就受热失去了活性。就算是生吃木瓜，它也会为我们胃里的胃酸所分解。想通过吃木瓜丰胸，纯属无稽之谈。还有说木瓜鲫鱼汤、木瓜章鱼汤具备催乳功能，木瓜树汁是乳白色，鲫鱼汤是奶白色，于是联想到乳汁，更扯的是说章鱼八个爪，四通八达，所以可以通乳腺。也有人吃了确实立竿见影，真实原因是，乳汁的主要成分是蛋白质和水分，这些汤就是蛋白质和水的组合！木瓜入菜，味道相当不错，美味当前，享受就是，过分追求其所谓的功效，其实是自欺欺人，愚昧得很。

惠食佳是从大排档成长起来的米其林、黑珍珠餐厅，保留了大排档特有的风味，招牌的各种啫啫煲是它的特色。啫啫煲，是现代粤菜的伟大发明。当食材放于瓦煲中，经过极高温的烧焗后，瓦煲中的汤汁不断快速蒸发而发出"嗞嗞"声，"嗞嗞"粤语发音与"啫啫"相近，于是广州人便将其命名为啫啫煲。

生鲜的食材直接放进烧得极热的砂煲里炒制，砂锅的储热功能极强，能瞬间将食材表面烹熟，快速锁住水分，再配以葱姜蒜和各种酱汁爆香，出锅淋少许黄酒爆燃，香气火爆，口感极脆嫩，这种做法适合许多脆嫩但是不易出水的原料。砂煲遇高温容易爆裂，惠食佳所有的砂煲都用铁丝箍住，为的是安全。

广州话"箍煲"，说的是感情出问题，赶紧补救，如果感情出问题，来惠食佳吃一顿，估计补救效果也不错。如此坚守传统的酒家，在广州已不多见，米其林给它一星，黑珍珠给了它一钻，也算是走了一回群众路线了。

一记味觉做莲藕有一套

　　一记味觉餐厅做莲藕很有一套，一年四季都有粉藕、鱿鱼干和排骨煲汤，藕粉汤鲜，香中带甜。八月初的莲藕，多数脆而甜，这时长三角的莲藕叫果藕，即便是洪湖的莲藕，此时也脆而不粉，一记味觉餐厅的莲藕却粉糯依旧，这是怎么回事呢？

　　原来，一记选用了三亚的莲藕。莲藕适宜生长的温度为 13℃以上，结藕的初期也要求较高的温度，利于藕身的膨大，后期则要求昼夜温差在 10℃左右，这个时候才有利于淀粉的生成。

　　莲藕的淀粉含量高、水分含量少，表现出来的就是粉。八月初的天气，适合上述条件的只有三亚！而长三角、珠三角则要到十月份才有此天气条件，那时的洪湖藕、南沙藕，也到了粉糯的时候了。

　　传说选藕时看藕丝，藕断丝连即粉，这好像不太靠谱，总不能买藕的时候把藕掰断来验证吧？据陈晓卿老师考证，藕丝这种"丝"其实是一种螺纹管胞，专门运输水分，它的成分主要是多糖和黏液蛋白，和藕粉不粉没有关系。但如果生吃，可以让你在享受果藕酥脆的同时还能享受其清爽的黏滑感，同时，充分

咀嚼以后，它还可以附着在胃黏膜上，保护我们的消化道。只是，以现在的水质，生吃合适吗？

莲藕

LIAN OU

选莲藕，除了看产区和相应的时节，还可以看外观。荷花是红色的，红花藕外皮为褐黄色，体形又短又粗，淀粉含量高，是粉藕；荷花是白色的，白花藕则外皮光滑，呈银白色，体形长而细，水分含量高，是脆藕。另一个鉴别方法是看莲藕的气孔，莲藕可以分为七孔莲藕和九孔莲藕，七孔藕淀粉含量较高、水分少，多数是粉藕；九孔藕水分含量高，脆嫩多汁，多数是脆藕。

一记味觉选用粉藕，用排骨煲汤是必须的，加了鱿鱼干则是锦上添花。鱿鱼富含蛋白质，在晒干过程

—— 236

中，其自身丰富的蛋白酶对蛋白质进行分解，使大分子蛋白质分解为小分子的氨基酸，因此非常鲜甜。有人用墨鱼干煲汤，也是这个道理。

粉藕有粉藕的吃法，脆藕有脆藕的吃法，有多少人喜欢粉藕，就有多少人喜欢脆藕，其中包括大美食家袁枚，他在《随园食单》中就说："藕须贯米加糖自煮，并汤极佳。外卖者多用灰水，味变，不可食也。余性爱食嫩藕，虽软熟而以齿决，故味也在。如老藕一煮成泥，便无味矣。"袁枚喜欢的是糯米莲藕，他喜欢脆藕，"以齿决"就是用牙咬，看来老人家牙口不错。

莲藕原产印度，后传入中国。"藕"因为与"偶"同音，故总与美满婚姻联系在一起。又因其花出淤泥而不染，也常被众多文人"之乎者也"感叹一番。有史料可考，其作为宫中吃食，已是东晋年间的事了。苏东坡被贬黄州时，就咏过巴河莲藕一番，为我们考证了这一问题。诗曰：

巴河有藕天下奇，
洁身方正举世稀！
体长三尺无瑕疵，
心多一窍有灵犀。
神品有花难移种，
灵根独恋故乡泥。
七百年间为贡品，
佳藕天成列御席。

湖北省黄冈市浠水县巴河镇，闻一多就是那个地方人，闻一多赞这里的莲藕"心较比干多一窍，貌若西子胜三分"。从苏东坡被贬黄州往前推七百年，正好是东晋，他说那个时候巴河的莲藕就是贡品了。苏东坡说了巴河莲藕三个特点：一是大，体长三尺。宋代一尺折合为31.68厘米，三尺也差不多一米长，确实够大；二是"无瑕"，外观完美没有瑕疵，莲藕有破损，泥巴就进到莲藕里面去，造成清洗困难；三是不可移植，离开巴河这地方味道就不一样。莲藕生长以富含有机质的壤土和黏壤土为最适，土壤有机质的含量应在1.5%以上，土壤pH要以6.5为最好，而且要富含氮和钾，巴河的莲塘符合以上条件，别的地方没有这个条件，所以没那么好。

大凡一种食物与皇上扯上点关系，便立马不一般。和古人喜欢哼哈几句不一样，我们现代人吃藕，是注重其营养价值和口感。莲藕中含有的黏液蛋白和膳食纤维，能与人体内胆酸盐、食物中的胆固醇及甘油三酯结合，使其随粪便排出，从而减少人体对酯类的吸收，是如假包换的减肥食品。

切开的莲藕容易发黑，很是影响形象。莲藕发黑，那是多酚氧化酶在使坏，多酚氧化酶有很强的催化作用，但是需要有氧气的参与，莲藕中的酚类物质才能氧化成醌，因而变黑。所以隔绝氧气就是一个好方法，把切好的莲藕泡在水里就能延缓莲藕变黑的过程。

煮莲藕时千万不要用铁锅，否则藕黑锅也黑。这是莲藕中的多酚氧化酶和铁发生化学反应的结果，对身体倒没什么危害，不过还是要尽量避免。毕竟，黑锅不仅不好背，也不好清洗。

为什么
莲藕发黑 ？

莲藕发黑，是莲藕中的多酚氧化酶在使坏。多酚氧化酶有很强的催化作用，但凡有氧气的参与，莲藕中的酚类物质就会氧化成醌，因而变黑。因此，只要把切好的莲藕泡在水里，隔绝了氧气，就能延缓莲藕变黑的过程。

山语客家菜

又来万绿山语客家菜，以解舌尖之馋。

客家菜主要流行于广东的惠州、河源、梅州、深圳、韶关，江西的赣州，福建的龙岩、汀州，广西的贺州、玉林，台湾的新竹、苗栗等地，以此划分为粤菜分支的东江菜，闽菜分支的闽西客家菜，赣菜分支的赣南客家菜，台湾菜分支的台湾客家菜。

万绿山语，以河源万绿湖周边食材为主打，当然属于东江菜系，而且，食材正宗又讲究。客家菜的基本特色是，用料以肉类为主，突出主料，原汁原味，讲求酥软香浓；注重火功，以炖、烤、煲、酿见长。茶油水鱼，水鱼裙边焖煮出十足的胶质，充分发挥出这种食材含有丰富的胶原蛋白的特点，而肉则入味且不老，越嚼越香，因为是野生的，没有一丝肥油，而茶油不肥不腻又略带茶香，让久焖的肉滑而不柴，简直是绝配！

万绿湖的野生鳜鱼，肉质滑嫩、味道清甜，不带泥腥，用茶油香煎再焖煮，细腻、香甜，从舌尖直捣喉咙，三两左右的野生鳜鱼，不贵还真对不起鳜鱼的名声。

　　野生的鳜鱼，由于没人投食，生长特别缓慢，能长到二三两才被抓到，已经是三生有幸了。鳜鱼生长在淡水中层，以小鱼小虾为食，所以没有泥腥味。我们习惯上说的泥腥味，其实是藻类的味道，藻类长在池塘底和壁的泥土上，所带的味道我们误以为是泥土的味道，正确的说法是藻腥味。鱼吃了藻类，就带有藻腥味，鳜鱼不吃藻，所以没这毛病。

　　别小看这一煲板栗莲子，用自然熟掉到地上的板栗和湖北的莲子搭配，同样的粉和糯，细嚼之后在舌根首先转化为香，之后是甜，板栗的浓香，莲子的清香，加上上汤煨出的混合香，那简直是舌尖上的交响乐，难怪陈晓卿老师会为之拍案叫绝！

黑糯米芡实腊味饭，糯米的柔软刚好中和了芡实的硬朗，芡实的微寒刚好平衡了糯米的燥热，腊味复杂的陈香，给初寒的季节做了最好的诠释，翠绿的香菜末，添的不仅仅是香，还是灵气和调皮，茶油依然续写滑而不腻的口感，简直让你感动！

脆炸山坑鱼，每一条山坑鱼都去了肚，所以不苦，在平凡的食材上下功夫，才说明功夫了得。这道菜大受称赞，先后来了三碟，最后一碟炸得不够脆，哎呀，九点多了，大厨也休息了，让徒弟们来，欠缺一点，可以理解。

过去茶油也不是用来吃的，主要用途：一是平时点灯以奉祀祖宗和诸神；二是庙会时炸米饭敬神；三是款待宾客。即便是现在，也是一百多元一斤，可算是植物油中的"爱马仕"了。

动物油、花生油、菜籽油、橄榄油、山茶油，依顺序其分子结构从大到小，油脂的分子越小，在味蕾上停留的时间越短，表现出来就越滑，吃起来就不油腻，这就是山茶油滑而不腻的秘密。分子大的油在口腔里停留的时间更长，表现出来就是浓香；分子小的油在口腔里停留的时间更短，表现出来的就是清香，所以炒菜宜用动物油，让动物油的浓香配蔬菜的清淡。焖肉宜用山茶油，让山茶油的清香烘托肉类的浓香。

山茶油的不饱和脂肪酸高达90%，为各种食用油之冠。国际粮农组织已将其列为重点推广的健康型食用油。山茶油不含胆固醇，是最健康的油，难得的是，它还含茶多酚和茶皂苷。茶多酚又称茶鞣，茶多酚等活性物质具解毒和抗辐射作用，能有效地阻止放射性物质侵入骨髓，并可使锶-90和钴-60迅速排出体外，被医学界誉为"辐射克星"。茶皂苷，就是泡茶时和茶油加热时产生的那些白色泡沫，可双向调节免疫、抗缺氧、抗疲劳、抗低温应激、抗脂质氧化、抗致突变，对肾有调节、补肾溶血栓等作用。

当然，这些好处不见得可以通过山茶油带进我们体内，但也至少带来美味。重要的是，山茶油的冒烟点在220℃，比其他油高，所以可以反复油炸多次……值得欣慰的是，中国是山茶的原产地，也是山茶油生产第一大国。茶油的中心产地分布在我国的大别山区域、西南及湘、赣南、赣西部。清代医学家赵学敏在《本草纲目拾遗》记载山茶油"润肠清胃，杀虫解毒"。清代王士雄《随息居饮食谱》记载："茶油烹调肴馔，日用皆宜，蒸熟食之，泽发生光，诸油唯此最为轻清，故诸病不忌。"这个东西，我们有，只是认识的人不多。

这么好的东西，是谁发明的？这总不能落在张三李四王二麻子身上，那就给到八仙之一的张果老吧。相传，张果老在人间游历之时，被老农家的一棵硕果累累而又绽放着胜雪白花的树深深吸引，返回天宫的时候便采摘了一袋树籽回去。太上老君将这些树籽放入八卦炉中，竟炼出了黄金色的油体，御厨用此油炒菜，芳香四溢；以此油点灯，灯火通明，青烟全无。玉帝大喜，为嘉奖张果老查访之功，故封此油为"查油"。张果老回到人间后，便将这茶油的榨取之术传于世人，后来"查油"就变成"茶油"。张果老为唐

代玄宗时期人，而茶油在《山海经》时期已经作为食用油被记载，因此这个美丽的传说并不可信！

与山茶油扯上关系的，刘邦算一个。在楚汉之争的时候，刘邦负伤行至武涉，吕氏用茶油熬汤供养刘邦，三月伤愈。刘邦还曾作诗"佳膳出武德，膏汤胜宫筵"，后茶油被封为"上供珍品"，这也是茶油的第一次获封。

同样的故事还发生在朱元璋身上，说朱元璋在与陈友谅争霸的时候，曾被追杀到建昌的一片茶树林，依靠茶农掩护才幸逃一死。朱元璋遍体鳞伤，老农将茶油涂抹在朱元璋皮肤伤口上，伤口不日愈合，朱元璋感叹茶油果是"上天赐给大地的人间奇果"。之后朱元璋登基后，曾把茶油列为贡品，并御封"御膳奇果汁，益寿茶延年"。

这两个说法，是把山茶油当外伤神药。还有把山茶油当保健美容品的，说唐朝杨贵妃浴后会命左右侍女，用茶油按摩全身肌肤。这恐怕就是最早的SPA了吧。传闻不仅贵妃，晚清慈禧也用茶油来驻颜。这些传闻，认真不得，但山茶油可吃、可外用、可当SPA精油，倒是假不了。

山语的认真，让客家菜也走上精细雅致的道路，这值得我们时不时认真地去吃一次。

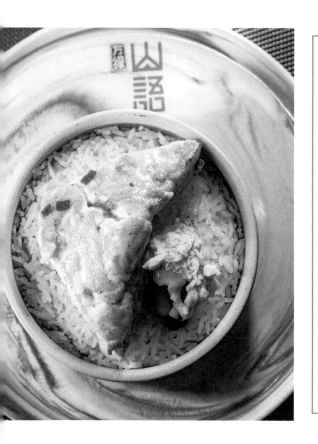

为什么说
山茶油健康？

　　山茶油含有茶多酚和茶皂苷。茶多酚具解毒和抗辐射作用，能有效地阻止放射性物质侵入骨髓，被医学界誉为"辐射克星"。茶皂苷是泡茶时和茶油加热时产生那些白色泡沫，有双向调节免疫、抗缺氧、抗疲劳、补肾溶血栓等作用。

潘巷九号的料理实验室

　　闫涛老师多次推荐，位于佛山禅城区鄱阳城众创小镇三座三楼的潘巷九号。让闫老师津津乐道的，是那里有四百多种盐，以顺德鱼生的做法，再选择不同的盐调味。我是从小就在海边看着晒盐长大的，在我的印象中，盐不就是氯化钠吗？能有什么花样？！经不住闫老师的再三诱惑，终于去体验了一次。

　　这家以盐为特色的餐厅，把盐玩出了花样。从世界各地搜罗的四百多种盐，就陈列在各个餐桌上，最大的餐桌，也只能摆下一百多瓶盐。这些盐，不只是陈列，而是可以随便享用。也是，谁又能吃下多少盐呢？就大方点吧。其实不然，把世界各地的盐带回到餐桌，这本身就极不容易：我们国家长期实行食盐专卖，放开食盐买卖也是近几年的事，正规渠道进口盐，并不多见。靠人肉背货回来，海关根本弄不懂是盐还是毒品，常常遭遇没收的命运，凭这一点，就可以看出这个餐厅的别出心裁。

　　大概到了宋代，由于铁器的普及，中国人就基本抛弃了生吃，走上熟食之路，唐代之前流行吃"鱼脍"，将鱼切片生吃的做法，只保留在极少数地方，顺德就是其中的一个。新鲜的鱼，含有丰富的游离氨基酸、谷氨酸、天门冬氨酸、核苷酸，这是鲜味的来源。鱼肉的甜味由氨基酸和糖原提供，在各种游离氨基酸中，甘氨酸和丙氨酸具有甜味。糖原是动物新陈代谢的中间产物，在肌肉中有相当的含量，氧化三甲胺也有一定的鲜味和微弱的甜味。拥有这些鲜和甜的风味物质，有一个前提，就是新鲜。在鱼活着的时候，这些风味物质在不断地产生和消耗着，但当它们死去，这些物质不会再产生，但继续分解转化：氧化三甲胺分解释放的三甲胺、二甲胺是鱼腥味的主要来源；氨基酸分解，释放出的氨是刺鼻的厕所味道；鱼油氧化，分解产生哈喇味……

顺德鱼生
SHUN DE YU SHENG

　　顺德鱼生在"新鲜"和"去腥"上做足文章，尽量缩短鱼死亡到上餐桌的时间，姜丝、炸芋丝、酸荞头丝、柠檬叶丝、花生等佐料的参与，既保证了鲜甜，又掩盖腥味并增香。传统的顺德鱼生用酱油调味，潘巷九号用的是各种盐。不同国家的岩盐，有不一样的风味，这源于岩盐里有不一样的矿物质。不同矿物质不仅提供了不一样的风味，还提供了不一样的颜色、不一样的结晶形状，粉红色巴基斯坦盐、蓝色的土耳其盐，先是皮蛋味、再转化为蛋白味的盐，既满足你的视觉，又丰富你的味觉，你尽可以发挥想象力进行各种试验，而实验的操作者就是你自己。需要注意的是，不知不觉中，你会摄入过多的盐分！潘巷九号的鱼生还有一个绝活，鱼片铺排在碟子上，反转碟子也不会掉下来，在这里，牛顿发现的地心引力不好使，这个绝活涉及商业秘密，就不展开说了。

猪脚姜是一道传统的粤菜，为了让醋的味道进到姜里，整个制作过程持续两个月甚至半年。潘巷九号对这个传统菜做了改良：姜用佛山高明的姜，粉且无渣；姜醋的入味时间缩短到一周，每天煲一个小时左右，经过多次的加热和浸泡，也可以快速入味，而多次煲后的醋，水分挥发后，醋酸含量太高，黎老板认为这不是醋的最佳状态，于是弃之不用，重新加醋；鸡蛋当然必须是溏心蛋，黎老板掌握溏心蛋有他的一套独特心得，将纸巾弄湿，包住鸡蛋，放进电饭煲中，当电饭煲自动跳闸时，这个时候的鸡蛋就是溏心蛋。

猪脚姜
ZHU JIAO JIANG

酥炸鱼皮
SU ZHA YU PI

　　酥炸酿鱼皮简直不可思议。做顺德鱼生剩下的鱼皮，裹上蛋清油炸，淋上酸甜辣酱，入口即化，香酸辣甜齐来，美妙得很。鸡蛋白在高温中迅速膨胀、脱水，就形成了脆，脆的程度与膨胀度呈正相关，和含水量呈负相关。如何做到膨胀度大，这又与鸡蛋白的新鲜度有关。潘巷九号选用在保鲜期临界点的鸡蛋，此时的鸡蛋仍未变质，但蛋白质分解，蛋白因此变得松弛，一遇到高温热油，马上膨胀几百倍。蛋白的膨胀还与油温有关，油温越高，膨胀速度越快，膨胀度越大。黎老板定的温度是280℃，这个温度非常大胆，因为超过了所有食用油的冒烟点，烟雾缭绕，一般师傅见到都已经手忙脚乱。

　　黎老板在实践中摸索出来的这一套经验，很具分子料理精神。这套对鸡蛋的选择和烹饪方法，同样适用于做五柳炸蛋。当然，还有其他办法，比如将鸡蛋打进碗里，再把蛋倒入细目滤网中，所有蛋白松散部分都会通过滤网流出，这些松散蛋白就可用来裹浆油炸，剩下的紧致蛋白和蛋黄连同滤网一起放进热水中，再轻轻将鸡蛋滑入锅中，就是一个完美的水波蛋。

　　黎老板还有很多绝活：三种馅料的日本饺子、薄如纸板的凤爪，以及用油锁住香味的油浸烹饪法，都是分子料理的完美体现。这个充满无限想象力的餐厅，可以随时做出让人意想不到的新颖菜式，值得一试！

为什么鱼生吃起来鲜甜?

　　新鲜的鱼,含有丰富的游离氨基酸、谷氨酸、天门冬氨酸、核苷酸,这是鲜味的来源。鱼肉的甜味由氨基酸和糖原提供,在各种游离氨基酸中,甘氨酸和丙氨酸具有甜味。糖原是动物新陈代谢的中间产物,在肌肉中有相当的含量。

后记

这本书的出版，颇为曲折。

我的第一本美食散文集《吃的江湖》，原来是向广东旅游出版社投稿的，但24小时不到就被退稿了，原因是其中有一篇文章"涉及野生动物"，于是转而向广东人民出版社推销，与广东旅游出版社的缘分，一开始就极不顺利。

在周松芳兄的几次撮合之下，与广东旅游出版社的刘志松社长互动了几次，他才知道曾经有这么一回事，于是转而向我约稿，希望能出一本专门写粤菜的美食随笔。我是很反对用地域来给美食划出界限的，在人流、物流交流日多的今天，强调美食的地域性，无异于画地为牢。但一个地方的美食，确实与当地人的口味偏好有关，这个口味偏好，又与地方的气候、地理环境、物产和历史发展紧密相连。美食当然带有"地方性格"，但我希望我的美食文章不要带有地域色彩，因为"美食地方沙文主义"是我一向反对的。

我是土生土长的广东人，对粤菜当然有深厚的感情，广东旅游出版社想让我写一本聚焦广东美食的书，这可以理解，推广广东美食就是他们的使命之一嘛。由此，双方一拍即合，我让他们从我的微信公众号"辉尝好吃"中挑选出若干广东美食文章，就组成了这本书。这本书的编辑过程与广东人民出版社出版我的《吃的江湖》几乎同步，其中"白切鸡"和"烧鹅"等几篇，双方都认为不可或缺，也就因此重复了。广东人民出版社效率更高，因此抢得了"头啖汤"，希望不要计较有关版权问题，我多交几本书给你们出版就是。

书名《粤食方知味》，是出版社的意见，尽管有点拗口，但我尊重出版社，就不坚持改了，估计出版社是想强调"粤菜好吃"这个意思，与"美食地方沙文主义"无关。

本书的出版，要感谢刘志松社长的不懈努力，感谢官顺副总编和责编陈晓芬女士的尽心尽力。本书的图片，由美食摄影家何文安先生提供；本书书名的题写，由"国民漫画家"小林老师林帝浣操刀，在我看来，他的书法比漫画更好，因此又欠他十顿饭，在这里一并致谢！